高祥生中外建筑·环境设计赏析
——灿烂世界·璀璨明珠（下）

高祥生 著

东南大学出版社
SOUTHEAST UNIVERSITY PRESS
·南京·

序 / PREFACE

　　高祥生教授是我国建筑室内装饰装修与陈设设计领域的著名专家、学者。他著作等身，迄今已撰写出版了四十余本著作，完成了林林总总约三百个设计项目，曾荣获"全国有成就的资深室内建筑师""中国室内设计杰出成就奖"等协会、学会最高奖项，入选"中国室内设计 TOP100"榜单。在行业建设方面，他亦做出了重要贡献，主持完成了住房和城乡建设部的行业标准《房屋建筑室内装饰装修制图标准》（JGJ/T 244—2011）和《住宅室内装饰装修设计规范》（JGJ 367—2015）的编制，参加了国家技术标准图集《木结构建筑》（14J924）的编制，还主持完成了江苏省住房和城乡建设厅下达的多部有关设计的文件以及制图标准、装修构造、深度图样等地方标准与规定。在我主持中国建筑学会工作期间，与高教授有了更多的接触与交流，他为建筑教育和室内设计辛勤耕耘、提携后学、默默奉献的担当和严谨治学、守正创新、不断进取的精神，给我留下了深刻的印象。

　　和许多建筑师一样，高教授也是一位摄影"发烧友"，之前在《建筑与文化》杂志上看到他拍摄的一些照片，感到他在构图的推敲、光影的选择和焦距的推拉等方面，是颇具匠心和相当专业的。高教授善于捕捉令人怦然心动又稍纵即逝的瞬间，他的作品犹如徐徐展开的画卷，洋溢着盎然充沛的艺术情味，呈现了设计师眼中的大千世界，令人不禁啧啧称奇。

　　高教授自叙，拍摄建筑的初衷是为了编写教科书，为避免版权纠纷，书中配图绝大多数都是自己所摄，而且自己拍摄的照片也更能适应所编教科书内容之需。

此外，高教授在拍摄建筑的过程中，还不断地观察、思考，他认为，身临其境的氛围和特定的场景，可以引导和启发人去观摩、体验、感受，并思辨某些学术和专业问题，从而建立起更具有在地性和环境要素的新概念。通过实地拍摄和探访，对于希腊圣托里尼岛蓝白相间的色调构成，他认为除了基于希腊国旗为蓝白两色之故，至少还存在以下三种原因：第一，大片建筑的雪白与大海的深黛、天空的浅蓝搭配是适宜的；第二，圣托里尼岛的房屋数量众多、形状复杂，以白色统一是恰当的；第三，爱琴海位于北半球的亚热带，夏日炎炎，持续高温，建筑的白色可以起到室内降温和心理清凉的作用。有道是"读万卷书不如行万里路"，洵非虚语。这也是"纸上得来终觉浅，绝知此事要躬行"的最佳注脚。

我们欣喜地看到，高教授历经数年，足迹遍及三十余个国家和地区，所拍摄的建筑图片蔚为大观，积攒的数量多达几十万张之巨。他精心遴选其中的佳者、美者，汇聚成册，并为这些建筑摄影图片配上自己作为设计师和研究者的手笔，写成建筑游记散文，将所摄建筑的前世今生或不为人知的细节秘奥娓娓道来。文字行云流水、明白晓畅，读来饶有兴味，悠然心会，颇受启发。

时值《高祥生中外建筑·环境设计赏析——灿烂世界·璀璨明珠》付梓之际，本人有幸先睹为快，并为之作序。愿此书能嘉惠学林，沾溉艺坛。

嘤其鸣矣，求其友声。望成为广大建筑学人和摄影爱好者的良师益友。

原建设部副部长、中国建筑学会原理事长

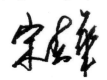

2023 年 5 月

目 录 / CONTENTS

第一篇 不同国家的建筑篇（下）

奥地利

一、维也纳印象

　　我去过两次奥地利的维也纳，因为维也纳有其独特的魅力，令我十分向往。

　　维也纳不是很大，面积大约414.65平方千米，是奥地利的首都和最大的城市。

　　维也纳很古典，古典主义样式的建筑占多数。维也纳很时尚，新潮衣装、工艺品比比皆是。维也纳的建筑很多元化，古典建筑通常兼有巴洛克、洛可可、哥特的样式。维也纳很有艺术气质，莫扎特的形象和克里姆特的图像街头、公园都有。

　　金色大厅也即维也纳的歌剧院，中国的一些明星都到金色大厅放过光彩，似乎在金色大厅表演歌声就是一种"身份""等级"的象征。我在金色大厅听过音乐，顺便也观赏了它的建筑装修，感觉不错，但又不觉得像听到的那样至高无上、美丽无比。建筑的室内风格都是古典的，很工整，很有法度，但有些老式。或许

懂音乐的人认为音乐厅的音乐效果上乘，所以业内也将金色大厅捧到"金光闪闪"的地位。而我只是用自己的眼睛看，实事求是地评价它的形象不是最好的。

　　维也纳的楼房大都为三四层，大体量的楼房很少见到。维也纳的道路很规则，许多都是"井"字形的，交通管理很严，严到让人觉得很刻板。

　　追溯维也纳的历史，它曾与周边的国家都有过交恶，也有过睦邻友好，历史上的奥匈帝国就是例子。我似乎觉得维也纳与法国走得更近。走在维也纳的街道上，人们会觉得这里就是巴黎的打折版。从街头的建筑、雕塑、服饰，到花园的绿化、道路规划，到处都有巴黎的影子。听导游讲，历史上奥地利皇族与法国皇族曾有联姻。

　　维也纳是优雅的、整洁的，也是充满人文气息的。

维也纳的市中心有两个大型广场，一个是玛丽亚·特雷莎广场，另一个是弗朗茨皇帝广场。两个广场之间由一条道路分开，两个广场都很恢宏、端庄。玛丽亚·特雷莎广场以一座女王塑像为中心，女王坐南朝北，手持权杖，头戴皇冠，威严、端庄、慈爱。建筑则呈"U"字形展开，分别有现在的市政厅、奥地利艺术史博物馆和自然史博物馆，建筑风格均以古典主义样式为主体，其中有巴洛克的元素。

道路的另一侧是弗朗茨皇帝广场，通常人们从北入口进入皇帝广场，广场的面积很大，中间的雕塑也比玛丽亚·特雷莎广场的大，因此显得空旷。皇帝广场的南北两侧有入口门洞，新式的马车鱼贯而入，成为皇帝广场的一道风景线。皇帝广场的平面没有大面积敞开的部位，几乎呈"回"字形，广场四周

的建筑装饰基调都是巴洛克样式的，其间不乏渗透着古典式、哥特式的元素。

皇帝广场中设有的皇宫一直是皇室的居住地，据说著名的弗朗茨·约瑟夫和伊丽莎白皇后（茜茜公主）夫妇也曾在此居住过。

广场的四周有20多个收藏馆，藏有历代皇朝的大量珍品，广场的中央伫立着弗朗茨二世皇帝雕像，与玛丽亚·特雷莎女王雕像遥相呼应。由玛丽亚·特雷莎广场和弗朗茨皇帝广场构成的庞大建筑群及其环境是雄伟的、恢宏的。

我感觉这组建筑群就是奥地利历史文化的缩影，至今仍然光彩熠熠。

（根据百度百科资料和现场调研编撰）

玛丽亚·特雷莎女王塑像　高祥生摄于 2017 年 5 月

维也纳弗朗茨皇帝广场（一） 高祥生摄于 2017 年 5 月

维也纳弗朗茨皇帝广场（二） 高祥生摄于 2017 年 5 月

维也纳艺术史博物馆（一）　高祥生摄于 2017 年 5 月

1. 维也纳艺术史博物馆

维也纳艺术史博物馆是全世界第四大美术馆，珍藏着哈布斯堡王朝数百年来收集的欧洲珍品。

建筑的室内外装修和雕刻均是古典主义风格，极具西方传统文化气息。

维也纳艺术史博物馆（二） 高祥生摄于 2017 年 5 月

维也纳艺术史博物馆（三） 高祥生摄于 2017 年 5 月

维也纳艺术史博物馆（四）　高祥生摄于 2017 年 5 月

维也纳艺术史博物馆各历史时期馆藏的绘画作品集选（一）　高祥生摄于 2017 年 5 月

维也纳艺术史博物馆各历史时期馆藏的绘画作品集选（二）　高祥生摄于 2017 年 5 月

2. 维也纳音乐协会金色大厅

维也纳音乐协会金色大厅外立面　高祥生摄于 2017 年 5 月

维也纳音乐协会金色大厅的外立面为古典主义风格，檐部、山花、小齿、柱式、雕刻的样式都有很多法度。夜幕下的金色大厅灯光齐明，建筑的立面极富节奏感，像几排巨大的琴键。

入口装饰做得很满，显然是巴洛克风格，与金色大厅的古典风格相悖，但给人的视觉效果是统一的。

金色大厅的音响效果优秀，是优秀音乐厅的标杆。

维也纳音乐协会金色大厅（一） 高祥生摄于 2017 年 5 月

维也纳音乐协会金色大厅（二） 高祥生摄于 2017 年 5 月

维也纳音乐协会金色大厅室内 高祥生摄于 2017 年 5 月

3. 维也纳的街道

维也纳的街道（一）　高祥生摄于 2017 年 5 月

维也纳的街道（二）　高祥生摄于 2017 年 5 月

维也纳的街道（三）　高祥生摄于 2017 年 5 月

4. 美泉宫的皇家花园

美泉宫的皇家花园（一）　高祥生摄于 2017 年 5 月

美泉宫的皇家花园（二）　高祥生摄于 2017 年 5 月

美泉宫的皇家花园（三）　高祥生摄于 2017 年 5 月

美泉宫的皇家花园（四）　高祥生摄于 2017 年 5 月

美泉宫的皇家花园（五）　高祥生摄于 2017 年 5 月

美泉宫的皇家花园（六）　高祥生摄于 2017 年 5 月

美泉宫的皇家花园（七）　高祥生摄于 2017 年 5 月

美泉宫的皇家花园（八）　高祥生摄于 2017 年 5 月

美泉宫的皇家花园（九）　高祥生摄于 2017 年 5 月

美泉宫的皇家花园（十）　高祥生摄于 2017 年 5 月

　　美泉宫位于维也纳西南部，传说罗马帝国皇帝狩猎时，饮用此处泉水，清爽甘冽，遂命此泉为"美泉"。

　　美泉宫的前方是一座典型的法国式皇家园林，花园的范围很大，平面是几何形，花园中树木、水榭、道路规则有序。特别是绿植，都修剪得整整齐齐，有锥形、长方形、椭圆形……

（摘于百度百科）

5. 维也纳施特劳斯金色雕像

维也纳施特劳斯金色雕像　高祥生摄于 2017 年 5 月

维也纳市立公园中有一尊金色的施特劳斯雕像，音乐家小约翰·施特劳斯有"圆舞曲之王"的美誉，是奥地利的骄傲。市立公园中的施特劳斯雕像形神兼备，呈小提琴演奏状，伫立在白色的拱门内，拱门周围簇拥着树丛、花卉，前来瞻仰雕像的人络绎不绝。

二、阿尔卑斯山脉下的大花园——萨尔茨堡

萨尔茨河和沿岸的山峦、古堡、民居　高祥生摄于 2000 年 8 月

从古堡俯视萨尔茨堡全城　高祥生摄于 2000 年 8 月

萨尔茨堡街上的马车　高祥生摄于 2000 年 8 月

萨尔茨堡莫扎特故居前的广场　高祥生摄于 2000 年 8 月

萨尔茨堡街上的雕像牛　高祥生摄于 2000 年 8 月

萨尔茨堡街道　高祥生摄于 2017 年 8 月

萨尔茨堡大教堂　高祥生摄于 2017 年 8 月

萨尔茨堡音乐广场　高祥生摄于 2017 年 8 月

萨尔茨堡广场　高祥生摄于 2017 年 8 月

萨尔茨堡米拉贝尔花园（一）　高祥生摄于 2017 年 8 月

萨尔茨堡米拉贝尔花园（二）　高祥生摄于 2017 年 8 月

萨尔茨堡米拉贝尔花园（三）　高祥生摄于 2017 年 8 月

萨尔茨堡米拉贝尔花园（四） 高祥生摄于 2017 年 8 月

萨尔茨堡米拉贝尔花园（五） 高祥生摄于 2017 年 8 月

萨尔茨堡米拉贝尔花园（六） 高祥生摄于 2017 年 8 月

萨尔茨堡米拉贝尔花园（七） 高祥生摄于 2017 年 8 月

萨尔茨河（一） 高祥生摄于 2017 年 8 月

萨尔茨河（二） 高祥生摄于 2017 年 8 月

萨尔茨堡的街道（一）　高祥生摄于 2017 年 8 月

萨尔茨堡的街道（二）　高祥生摄于 2017 年 8 月

萨尔茨堡的街道（三） 高祥生摄于 2017 年 8 月

萨尔茨堡的街道（四） 高祥生摄于 2017 年 8 月

萨尔茨堡新区具有巴洛克特征的楼宇　高祥生摄于 2017 年 8 月

萨尔茨堡新区还保留着老式电车　高祥生摄于 2017 年 8 月

三、阿尔卑斯山脉中的山庄

阿尔卑斯山脉中的山庄（一） 高祥生摄于 2000 年 8 月

阿尔卑斯山脉中的山庄（二） 高祥生摄于 2000 年 8 月

阿尔卑斯山脉中的山庄（三） 高祥生摄于 2000 年 8 月

阿尔卑斯山脉中的山庄（四） 高祥生摄于 2000 年 8 月

意大利

一、维罗纳的建筑

阿迪杰河穿过维罗纳城　高祥生摄于 2018 年 4 月

从维罗纳古堡博物馆可以登上斯卡利杰罗桥　高祥生摄于 2018 年 4 月

维罗纳古堡博物馆与斯卡利杰罗桥衔接处　高祥生摄于 2018 年 4 月

维罗纳古堡博物馆室内　高祥生摄于 2018 年 4 月

阳光下的维罗纳街道（一）　高祥生摄于 2018 年 4 月

阳光下的维罗纳街道（二）　高祥生摄于 2018 年 4 月

维罗纳街上的夜市　高祥生摄于 2018 年 4 月

夕阳下的维罗纳街道　高祥生摄于 2018 年 4 月

夜幕下的维罗纳街道　高祥生摄于 2018 年 4 月

夜幕下的维罗纳香草广场　高祥生摄于 2018 年 4 月

从维罗纳古堡博物馆看斯卡利杰罗桥　高祥生摄于 2018 年 4 月

斯卡利杰罗桥跨越阿迪杰河　高祥生摄于 2018 年 4 月

二、威尼斯的建筑

晨曦中的伊曼纽尔二世雕塑　高祥生摄于 2018 年 4 月

晨曦中的圣马可大教堂　高祥生摄于 2018 年 4 月

阳光下圣马可广场的咖啡座　高祥生摄于 2018 年 4 月

夜幕下圣马可广场的咖啡座　高祥生摄于 2018 年 4 月

相向而立的总督府西立面和图书馆东立面之间形成的圣马可小广场　高祥生摄于 2018 年 4 月

塔楼与两边的长廊　高祥生摄于 2018 年 4 月

威尼斯总督府沿河广场　高祥生摄于 2018 年 4 月

从总督府长廊看图书馆　高祥生摄于 2018 年 4 月

游人必看的威尼斯叹息桥　高祥生摄于 2018 年 4 月

威尼斯水巷曲折悠长，两侧建筑式样虽不统一，但墙面色彩斑斓，分外夺目　高祥生摄于 2018 年 4 月

威尼斯大运河边的府邸林立，海水中的倒影与海水叠加后色彩斑斓（一）　高祥生摄于 2018 年 4 月

威尼斯大运河边的府邸林立，海水中的倒影与海水叠加后色彩斑斓（二）　高祥生摄于 2018 年 4 月

威尼斯水巷的侧影打破了晨曦中的宁静　高祥生摄于 2018 年 4 月

威尼斯大运河（一）　高祥生摄于 2018 年 4 月

威尼斯大运河（二）　高祥生摄于 2018 年 4 月

威尼斯大运河（三）　高祥生摄于 2018 年 4 月

威尼斯大运河（四）　高祥生摄于 2018 年 4 月

威尼斯大运河（五）　高祥生摄于 2018 年 4 月

威尼斯大运河（六）　高祥生摄于 2018 年 4 月

威尼斯大运河边的贡多拉（一）　高祥生摄于 2018 年 4 月

威尼斯大运河边的贡多拉（二）　高祥生摄于 2018 年 4 月

威尼斯大运河岸忙碌一天的贡多拉也该停泊休息了　高祥生摄于 2018 年 4 月

米兰垂直森林　高祥生摄于 2018 年 4 月

三、米兰

1. 米兰垂直森林

　　建筑装饰装修都需要环保节能,需要有"绿色"的理念,这种理念应渗透在建筑设计、城市设计、装饰装修设计的全过程,需要从土地规划、材料选择、设备结构的设计全方位考虑,全过程着手。同时,绿色环保的效果应用贯穿于建筑设计使用、维护的全过程。我认为米兰垂直森林给人们传达的信念只是一种"绿色"的表象,对于建筑的造价、构造、维护等一系列问题,设计者和使用者是如何考虑的?

2. 米兰新国际展览中心

　　米兰新国际展览中心由著名设计大师福克萨斯设计，造型独特，外部结构以铝合金和玻璃作为主要材料。

　　学习国外先进的设计理论和设计方法，无疑是好事，但学习不等于抄袭，有些参观米兰展览的就直接将外国的装饰装修方案未做改造地用到自己的作品中，这是很可悲的。当然我在米兰展览上也看到了南京的设计师展示了自己原创的具有新中式风格的装饰设计作品，这是可喜可敬的，只是中国的作品少了些。

米兰新国际展览中心前的装置（一）　高祥生摄于 2018 年 4 月　　　　米兰新国际展览中心前的装置（二）　高祥生摄于 2018 年 4 月

米兰新国际展览中心（一） 高祥生摄于 2018 年 4 月

米兰新国际展览中心（二） 高祥生摄于 2018 年 4 月

米兰新国际展览中心（三） 高祥生摄于 2018 年 4 月

米兰新国际展览中心（四）　高祥生摄于 2018 年 4 月

米兰新国际展览中心室内装饰（一） 高祥生摄于 2018 年 4 月

米兰新国际展览中心室内装饰（二） 高祥生摄于 2018 年 4 月

米兰新国际展览中心室内装饰（三）　高祥生摄于 2018 年 4 月

米兰新国际展览中心室内装饰（四）　高祥生摄于 2018 年 4 月

米兰三年展中心　高祥生摄于 2018 年 4 月

米兰三年展中心室内装饰（一） 高祥生摄于 2018 年 4 月

米兰三年展中心室内装饰（二） 高祥生摄于 2018 年 4 月

米兰三年展中心室内装饰（三） 高祥生摄于 2018 年 4 月

米兰三年展中心室内装饰（四） 高祥生摄于 2018 年 4 月

米兰普拉达基金会楼梯（二） 大都会建筑事务所设计 高祥生摄于 2018 年 4 月

3. 米兰普拉达基金会

普拉达基金会毗邻米兰大教堂，基金会精致现代的感觉与大教堂宏伟博大的气氛形成鲜明的对比。

米兰普拉达基金会楼梯（一） 大都会建筑事务所设计 高祥生摄于 2018 年 4 月

4. 米兰伊辛巴尔迪宫庭院中的装置

米兰伊辛巴尔迪宫英式花园内的两件小型镜面艺术装置　高祥生摄于 2018 年 4 月

米兰伊辛巴尔迪宫庭院中的艺术装置（Open Sky）　高祥生摄于 2018 年 4 月

5. 米兰大教堂广场

米兰大教堂广场　高祥生摄于 2018 年 4 月

维托里奥·埃玛努埃莱二世骑马铜像　高祥生摄于 2018 年 4 月

6. 米兰比可卡机库当代艺术中心

米兰比可卡机库当代艺术中心外部　高祥生摄于 2018 年 4 月

米兰比可卡机库当代艺术中心（一） 高祥生摄于 2018 年 4 月

米兰比可卡机库当代艺术中心（二） 高祥生摄于 2018 年 4 月

米兰马尔彭萨机场内商铺（一）　高祥生摄于 2018 年 4 月

7. 米兰马尔彭萨机场

米兰马尔彭萨机场内商铺（三） 高祥生摄于 2018 年 4 月

米兰马尔彭萨机场内商铺（二） 高祥生摄于 2018 年 4 月

米兰马尔彭萨机场候机大厅（二）　高祥生摄于 2018 年 4 月

米兰马尔彭萨机场候机大厅（一）　高祥生摄于 2018 年 4 月

米兰马尔彭萨机场内装置（二）　　高祥生摄于 2018 年 4 月

米兰马尔彭萨机场内装置（一）　　高祥生摄于 2018 年 4 月

西班牙

一、西班牙建筑一瞥

我只去了西班牙南部，对西班牙北部的建筑少有感性认识，而仅南部建筑的一瞥都让我感到西班牙的建筑形态实在令人眼花缭乱、目不暇接，对我的建筑设计、室内设计、环境设计、艺术设计大有裨益。

西班牙建筑样式的繁杂、建筑文化的多样是与西班牙的地理位置和西班牙的历史息息相关的。

从地理上看，西班牙的东北部与法国等国家接壤，西班牙的西南部面朝直布罗陀海峡，与非洲的摩洛哥隔海相望。地理位置决定了文化脉络，在建筑上法国曾风靡过古典主义建筑风格，并影响了西班牙。

西班牙历史上曾经历过长年的战乱，而战乱必然会有死亡，对亡者需要有祭奠和祷告的地方，于是西班牙才会建造寺院、教堂。不同的文化形式就会有不同的教堂文化，以及不同的建筑形式和不同的装饰形式，所有形态的出现，一方面得益于对不同建筑形态的包容性，另一方面也得益于设计文化的多元性。

我并不责疑这种样式，我只是力图解释这种由地缘文化、宗教意识形成的建筑形态，并且我还认为这种"混搭""叠加"的建筑形态似乎更加优秀且富有生命力。

高迪的圣家族大教堂几乎成为旅游或朝圣的人必去的建筑，而密斯·凡·德·罗的巴塞罗那世界博览会德国馆又是许多学建筑、学艺术的学者争相目睹的建筑。

我实在无法想象两座形态载体不同的建筑竟然都出现在巴塞罗那，我也实在无法想象高迪在没有现代计算机辅助的条件下，能够创造出如此惊艳、神奇的教堂。我也无法想象密斯·凡·德·罗的一个不大的展览馆对世界的现代建筑会产生如此巨大的影响。但这些都是事实，而这事实的背后就是对建筑文化的包容性和多元性。

美洲之门酒店由扎哈·哈迪德、马克·纽森、矶崎新、让·努维尔等19位著名的建筑大师设计完成。每层客房的样式都不一样，

这是我所见到的最有创意的客房之一，但我住得不是太舒服。这种形式告诫我们，包容的文化也有负面的、不适合人民大众的文化。

我还得说一下西班牙瓦伦西亚卡拉特拉瓦艺术科学城的设计，说是建筑也是建筑，说是装置也是装置，核心是创新，这种形态的创新中混合了大量的结构因素。这又使我想到专业学科交叉下的一种新的结果，而这种结果又很像西班牙的建筑文化、装饰文化——是多元交叉的。

在西班牙，随处可看到法国古典主义建筑的样式，比如巴塞罗那加泰罗尼亚国家艺术博物馆、塞维利亚西班牙广场、马德里普拉多美术馆，但看到更多的是古典主义样式与哥特、巴洛克、现代样式叠加完成的建筑，比如西班牙的马德里皇宫，人们可以在其中看到古典样式的影子，也可以找到哥特、巴洛克的样式。

最让人印象深刻的是清真寺的样式与西欧的古典主义样式教堂的兼容，几经改造的科尔多瓦大清真寺就是这样，塞维利亚大教堂则是在清真寺的基础上几经周折、几经翻覆，最终建成现在的带有伊斯兰样式的基督教堂。

人们在著名的阿尔罕布拉宫的里里外外看到的建筑和装饰似乎都是伊斯兰风格的，与西班牙其他修整过的宗教建筑不一样，我思索了，也查询了阿尔罕布拉宫的地理位置和建筑历史。实际上一是阿尔罕布拉宫在西班牙的南部，距离非洲最近，二是阿尔罕布拉宫的几次修缮都是摩尔人主导的，所以阿尔罕布拉宫中都是伊斯兰样式也就不难理解了。

所以人们可以在西班牙看到地道的法国古典主义样式，可以看到欧洲国家的哥特样式、巴洛克样式的渗透，看到诸多的伊斯兰风格的建筑，看到极其前卫的当代的解构主义建筑，看到工业化的现代建筑，看到形式新颖、结构奇异的现代装置，看到脑洞大开、奇形怪状的教堂，看到……这些都是由地缘、政治、历史形成的一种多元的建筑文化。

二、马德里

1. 马德里皇宫

马德里皇宫是波旁王朝代表性的文化遗迹，是仅次于法国凡尔赛宫和奥地利美泉宫的欧洲第三大皇宫。

现该皇宫已被辟为博物院，供游人参观。

欣赏马德里皇宫的建筑立面，人们似乎更多地感受到的是哥特建筑的风采，而端详建筑的室内，又会被古典主义的样式所吸引。

马德里皇宫（二）　高祥生摄于 2014 年 9 月

马德里皇宫（一）　高祥生摄于 2014 年 9 月

马德里皇宫（三）　高祥生摄于 2014 年 9 月

2. 东方宫

东方宫　高祥生摄于 2014 年 9 月

马德里皇宫很大，分东、西方宫，我们只是参观了东方宫的宫殿，但也足以让我们感受到西班牙曾经取得的辉煌的建筑和装饰成就。

西班牙东方宫是现存的世界上最完整、最精美的宫殿之一。

它坐落在马德里西部曼萨纳莱斯河左岸一座山岗上。它的外立面具有古典主义的形式，整个建筑由白色大理石饰面，端庄博大，典雅壮观。东方宫既是王宫，也是一座艺术宝库，珍藏着油画、壁毯、古家具等文物，一些重要的国事活动也在此举行。

3. 马德里普拉多美术馆

　　马德里普拉多美术馆在西班牙乃至全世界都是极负盛名的，其原因大概有三点：一是普拉多美术馆有庞大的经典藏品，诸如委拉斯凯兹的《宫娥》、鲁本斯的《三美神》、戈雅的《着衣的玛哈》、格列柯的《三位一体》、博斯的《人间乐园》、提香的《查理五世骑马像》等；二是普拉多美术馆的藏品全部来自王室及修道院；三是普拉多美术馆是一座改造的建筑，它整合了原有的皇宫、神殿和圆形环廊，创作出一幢风格统一、功能实用的新古典主义风格的国立美术馆。

马德里普拉多美术馆雕像　高祥生摄于 2015 年 8 月

马德里普拉多美术馆　高祥生摄于 2015 年 8 月

西班牙堂吉诃德纪念雕像与塞万提斯纪念碑　高祥生摄影 2014 年 9 月

4. 马德里的西班牙广场

　　马德里的西班牙广场有一尊方锥形的大理石纪念碑，纪念碑前有骑马的堂吉诃德和骑驴的桑丘·潘沙的铜像。

　　马德里市区有 300 多个广场，广场中央大都是塑像、钟楼、喷泉、花圃。马德里的西班牙广场是其中最大的一个广场。

堂吉诃德和仆人桑丘铜像　高祥生摄于 2014 年 9 月

5. "标新立异"的酒店——美洲之门酒店一瞥

美洲之门酒店外观　高祥生摄于 2015 年 8 月

酒店大堂的过厅（一） 高祥生摄于 2015 年 8 月

酒店大堂的过厅（二） 高祥生摄于 2015 年 8 月

酒店大堂一侧的咖啡厅　高祥生摄于 2015 年 8 月

酒店的公共卫生间　高祥生摄于 2015 年 8 月

酒店电梯间（一） 高祥生摄于 2015 年 8 月

酒店电梯间（二） 高祥生摄于 2015 年 8 月

酒店电梯间（三）　高祥生摄于 2015 年 8 月

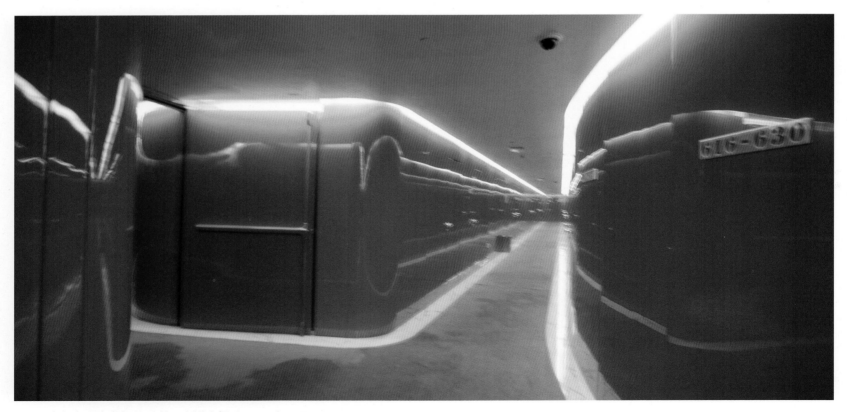

酒店红色调客房间的通道　高祥生摄于 2015 年 8 月

酒店白色调客房间的通道　高祥生摄于 2015 年 8 月

酒店黑色调客房间的通道　高祥生摄于 2015 年 8 月

三、龙达

1. 龙达小镇

  龙达小镇坐落于西班牙南部，曾有过无数种名称，如："建在云端的城市""悬崖边的白色小镇""全世界最适合私奔的地方"……这里可用漂亮、神秘、纯粹、浪漫、私密、刺激、狂热等词汇描述。

  龙达有着西班牙最古老的斗牛场，曾见证过那个时代斗士们的爱恨情仇；龙达，在它如今看似平静的表情下，依旧安放着最浓烈的西班牙风情：以浪漫宁静的白屋，居于这让人望而却步的悬崖之上，已是最佳明证。

龙达小镇（一） 高祥生摄于 2014 年 9 月

龙达小镇（二） 高祥生摄于 2014 年 9 月

龙达小镇（三） 高祥生摄于 2014 年 9 月

龙达街道（一） 高祥生摄于 2014 年 9 月

龙达街道（二） 高祥生摄于 2014 年 9 月

龙达街道（三） 高祥生摄于 2014 年 9 月

龙达街道（四） 高祥生摄于 2014 年 9 月

龙达街道（五） 高祥生摄于 2014 年 9 月

2. 龙达斗牛场

　　龙达被称为现代式斗牛的发源地，龙达斗牛场是西班牙最古老的斗牛场之一，建成于 1785 年。

　　斗牛场是圆形的，看台沿圆形的边部而设。斗牛场的后台展示有斗牛使用的各种用具，令人目不暇接。斗牛场的后部是圈养牛的牛舍……我参观斗牛场后的感受是：人类中有部分人很虚伪，很残忍，这种屠杀动物的活动应该受到制止和惩罚。

龙达斗牛场（二）　高祥生摄于 2014 年 9 月

龙达斗牛场（三）　高祥生摄于 2014 年 9 月

龙达斗牛场（一）　高祥生摄于 2014 年 9 月

四、塞维利亚

1. 塞维利亚的西班牙广场

塞维利亚西班牙广场（一）　高祥生摄于 2014 年 9 月

塞维利亚西班牙广场（二） 高祥生摄于 2014 年 9 月

塞维利亚西班牙广场（三） 高祥生摄于 2014 年 9 月

塞维利亚的西班牙广场是一个直径 200 米的半圆形广场，两边各有一座 74 米高的塔楼，由围绕着广场的长廊连接起来。在这里，通过大量的红砖、彩色瓷砖、铁艺，再结合建筑外形，你会明显感受到一股浓浓的文艺复兴时期的艺术氛围，难怪它早已成为塞维利亚的 标志性建筑。

塞维利亚西班牙广场（五） 高祥生摄于 2014 年 9 月

塞维利亚西班牙广场（四） 高祥生摄于 2014 年 9 月

塞维利亚的西班牙街道（二）　高祥生摄影 2014 年 9 月

塞维利亚的西班牙街道（一）　高祥生摄影 2014 年 9 月

2. 塞维利亚的西班牙街道

　　西班牙的街道和民居都很有特色，建筑立面的窗户大都比较窄，有的屋顶有城堡样式，也有的屋面是平面的。总之，这里的建筑样式是多样的……这也许与西班牙的多元文化有关。

3. 塞维利亚彼拉多宫

塞维利亚彼拉多宫（一）　高祥生摄于 2014 年 9 月

西班牙塞维利亚的彼拉多宫也是伊斯兰建筑风格，并与一小花园毗邻。

建筑的中庭、廊道由成排的伊斯兰风格的柱子、拱券围合，韵味十足，壁面、柱头上都有十分精致的纹样。

彼拉多宫的小花园说不上是东方风格还是西方风格，抑或是伊斯兰的花园形式，但它很优美，规划上有东方神韵，小径曲折，绿树成荫，高低错落，不像西方园林中绿植一定是几何状布局，我和我的朋友们都很认同这种花园的样式。

塞维利亚彼拉多宫（二）　高祥生摄于 2014 年 9 月

塞维利亚彼拉多宫（三）　高祥生摄于 2014 年 9 月　　　　　塞维利亚彼拉多宫（四）　高祥生摄于 2014 年 9 月

塞维利亚彼拉多宫（五）　高祥生摄于 2014 年 9 月

4. 塞维利亚慈善医院

塞维利亚慈善医院（一） 高祥生摄于 2014 年 9 月

塞维利亚慈善医院（二） 高祥生摄于 2014 年 9 月

　　慈善医院位于西班牙塞维利亚的慈善兄弟会总部，是西班牙巴洛克艺术的建筑高峰。

　　塞维利亚慈善医院是一幢伊斯兰风格的建筑，建筑的室内庄严而肃穆。另外，慈善医院还收藏了一批中世纪的绘画作品，这使该医院更有文化价值。

5. 塞维利亚都市阳伞

塞维利亚都市阳伞（一）　高祥生摄于 2014 年 9 月

以前我总听到人们说这个城市有什么标志性建筑，那个城市有什么标志性建筑。标志性就是要让人们一眼就能看出这是什么地方的物象，用专业的语言就是它有可识别性和唯一性。为了达到可识别性，无论建筑还是装置都做得"高大上"，为了达到可识别性，无论建筑还是装置都追求"新奇怪"。而高大上和新奇怪大多会忽略建筑的功能性，并都会使得经济投入变大。我的观点是城市中应有一定数量的标志性建筑物、构筑物，但不能太多，毕竟标志性建筑物、构筑物的主要功能是满足审美和文化的需求，而要满足审美和文化需求的建筑物、构筑物都要比普通的建筑物、构筑物付出更多的经济成本。

塞维利亚的大型城市装置都市阳伞就是典型的例子。都市阳伞的体量很大，有 150 米长，70 米宽，高 26 米。该装置有四层，地下一层为商场，二、三层为露台和餐厅。装置的构造为由层压木材构成大型的伞状网格，网格又由六根柱子支撑。

很显然，都市阳伞号称的市场和餐厅的功能都是微弱的，而它的观赏性和旅游功能是强大的。每天前往都市阳伞处观赏、拍照的人群络绎不绝，因为它不仅是塞维利亚的一个标识，甚至可以说是西班牙的标识。

塞维利亚都市阳伞（二）　高祥生摄于 2014 年 9 月

塞维利亚都市阳伞（三）　高祥生摄于 2014 年 9 月

6. 塞维利亚阿方索十三世酒店

塞维利亚阿方索十三世酒店（一）　高祥生摄于 2015 年 8 月

塞维利亚阿方索十三世酒店（二）　高祥生摄于 2015 年 8 月

阿方索十三世酒店是西班牙塞维利亚一家历史悠久的酒店，位于圣费尔南多街，邻近塞维利亚大学，建于 1916—1928 年。它是专门为 1929 年伊比利亚—美洲博览会而建，1929 年 4 月 28 日正式开业，国王阿方索十三世和王后出席了隆重的晚宴。

我们一行曾下榻塞维利亚阿方索十三世酒店，目睹了该酒店往日和现今的风采，这是一个由曾经的宫殿改造而成的酒店，酒店装饰高贵、典雅。传统的样式与现代的功能有机结合，没有任何生硬之处。

塞维利亚阿方索十三世酒店（三） 高祥生摄于 2015 年 8 月

塞维利亚阿方索十三世酒店餐厅 高祥生摄于 2015 年 8 月

五、西班牙宗教建筑的多元文化

瓜达尔基维尔河和横跨河流的罗马式拱桥　高祥生摄于 2015 年 8 月

瓜达尔基维尔河畔的拉斐亚磨坊水车　高祥生摄于 2015 年 8 月

塞维利亚大教堂哥特风格的立面和环境　高祥生摄于 2015 年 8 月

塞维利亚大教堂中哥特风格的柱式和尖券　高祥生摄于 2015 年 8 月

塞维利亚大教堂立面中哥特风格的柱式和伊斯兰风格的宽恕门　高祥生摄于 2015 年 8 月

塞维利亚大教堂（一）　高祥生摄于 2015 年 8 月

塞维利亚大教堂（二）　高祥生摄于 2015 年 8 月

伊斯兰风格的科尔多瓦大清真寺外立面（一）　高祥生摄于 2015 年 8 月

从大清真寺的巷口远眺罗马风格的钟塔　高祥生摄于 2015 年 8 月　　　　伊斯兰风格的科尔多瓦大清真寺外立面（二）　高祥生摄于 2015 年 8 月

科尔多瓦大清真寺寺内密集的富有特色的柱子（一）　高祥生摄于 2015 年 8 月

科尔多瓦大清真寺寺内密集的富有特色的柱子（二）　高祥生摄于 2015 年 8 月

科尔多瓦大清真寺寺内富有特色的装饰装修　高祥生摄于 2015 年 8 月

科尔多瓦大清真寺中伊斯兰风格的装饰装修　高祥生摄于 2015 年 8 月

科尔多瓦大清真寺（一）　高祥生摄于 2015 年 8 月

科尔多瓦大清真寺（二） 高祥生摄于 2015 年 8 月

科尔多瓦大清真寺中古罗马古典样式的雕刻、家具、花饰 高祥生摄于 2015 年 8 月

阿尔罕布拉宫与格拉纳达的山脉、民房融合在一起　高祥生摄于 2015 年 8 月

阿尔罕布拉宫的附属建筑阿卡萨巴碉堡处　高祥生摄于 2015 年 8 月

阿尔罕布拉宫狮子庭（一） 高祥生摄于 2015 年 8 月

阿尔罕布拉宫狮子庭（二） 高祥生摄于 2015 年 8 月

阿尔罕布拉宫狮子庭（三） 高祥生摄于 2015 年 8 月

阿尔罕布拉宫狮子庭（四） 高祥生摄于 2015 年 8 月

阿尔罕布拉宫中庭过厅廊道墙壁彩色瓷砖的饰面极为精致　高祥生摄于 2015 年 8 月

查理五世宫外立面（二）　高祥生摄于 2015 年 8 月

查理五世宫外立面（一）　高祥生摄于 2015 年 8 月

查理五世宫外立面（三）　高祥生摄于 2015 年 8 月

六、巴塞罗那

1. 巴塞罗那加泰罗尼亚国家艺术博物馆

巴塞罗那加泰罗尼亚国家艺术博物馆是为 1929 年世界博览会专门修建的一处综合展览馆。建筑设计利用巴塞罗那的高地，产生视野开阔的气氛。1929 年正式开馆，1929 年经济危机骤然爆发，豪华的馆内装饰显得不合时宜，因而启用密斯·凡·德·罗设计的巴塞罗那国际博览会德国馆。1934 年，危机平息后，博物馆迁入现址。2004 年整座博物馆完全正式开放。

巴塞罗那加泰罗尼亚国家艺术博物馆（一）　高祥生摄于 2015 年 8 月

巴塞罗那加泰罗尼亚国家艺术博物馆（二）　高祥生摄于 2015 年 8 月

　　加泰罗尼亚国家艺术博物馆藏品近 25 万件，其中常年陈列 5900 件，展品一方面涵盖了从罗曼艺术到 20 世纪中叶的千年时光，另一方面网罗了各门类的杰作，包括雕塑、油画、手工艺品、绘画习作、版画、海报、照片以及钱币等。而当地丰富的罗曼和哥特艺术遗存构成了馆藏中的重点和亮点。展馆中陈列了诸多名家作品。

　　博物馆是文化艺术品集中展示的地方，博物馆的大小、藏品的多少与国家的经济力量和文化内容息息相关。

巴塞罗那加泰罗尼亚国家艺术博物馆（三）　　高祥生摄于 2015 年 8 月

巴塞罗那加泰罗尼亚国家艺术博物馆（四）　　高祥生摄于 2015 年 8 月

2. 巴塞罗那形态迥异的建筑

巴塞罗那圣家族大教堂的结构柱与装饰构件（一）　高祥生摄于 2014 年 9 月

巴塞罗那圣家族大教堂的结构柱与装饰构件（二）　高祥生摄于 2014 年 9 月

巴塞罗那圣家族大教堂的结构柱与装饰构件（三） 高祥生摄于 2014 年 9 月

巴塞罗那圣家族大教堂的玫瑰窗和光色（一） 高祥生摄于 2014 年 9 月

巴塞罗那圣家族大教堂的玫瑰窗和光色（二） 高祥生摄于 2014 年 9 月

巴塞罗那圣家族大教堂的玫瑰窗和光色（三） 高祥生摄于 2014 年 9 月

巴塞罗那圣家族大教堂的玫瑰窗和光色（四） 高祥生摄于 2014 年 9 月

巴塞罗那奎尔公园（二）　高祥生摄于 2014 年 9 月

巴塞罗那奎尔公园（一）　高祥生摄于 2014 年 9 月

巴塞罗那奎尔公园（三）　高祥生摄于 2014 年 9 月

巴塞罗那米拉之家屋顶形态（一）　高祥生摄于 2015 年 8 月

巴塞罗那米拉之家屋顶形态（二）　高祥生摄于 2015 年 8 月

107

巴塞罗那巴特罗之家外立面　高祥生摄于 2015 年 8 月

巴塞罗那巴特罗之家屋顶形态　高祥生摄于 2015 年 8 月

巴塞罗那巴特罗之家室内走廊　高祥生摄于 2015 年 8 月

巴塞罗那巴特罗之家天花板形态　高祥生摄于 2015 年 8 月

巴塞罗那巴特罗之家楼梯　高祥生摄于 2015 年 8 月　　　　　巴塞罗那巴特罗之家室内　高祥生摄于 2015 年 8 月

巴塞罗那国际博览会德国馆室内室外交融的空间（一）　高祥生摄于 2014 年 9 月

巴塞罗那国际博览会德国馆室内室外交融的空间（二）　高祥生摄于 2014 年 9 月

巴塞罗那国际博览会德国馆室外水池　高祥生摄于 2014 年 9 月

3. 巴塞罗那穆尔姆里酒店

　　穆尔姆里酒店似乎就是西班牙巴塞罗那的旅游、观赏的中转站。穆尔姆里酒店到著名的圣家族大教堂车程仅为 1.8 千米。在穆尔姆里酒店的大门口就可领略到奥林匹克港的风光。高迪设计的米拉之家、巴特罗之家近在咫尺，去加泰罗尼亚广场、哥伦布纪念塔、波盖利亚市场、西班牙广场、奎尔公园等景点也是极为方便。

巴塞罗那穆尔姆里酒店（一）　　高祥生摄于 2015 年 8 月

　　穆尔姆里酒店本身也是一个有很大艺术魅力的酒店。人们可以在露台的泳池边观赏奥林匹克港口的晨曦和日落，可以在露台上欣赏酒店新颖的装置。人们可以在大堂中、餐厅中、廊道里领略酒店设计的匠心。

　　巴塞罗那穆尔姆里酒店的室外环境是美的，室内环境也是美的。

巴塞罗那穆尔姆里酒店（二）　　高祥生摄于 2015 年 8 月

七、菲格拉斯

1. 菲格拉斯达利剧院博物馆

菲格拉斯达利剧院博物馆（一）　高祥生摄于 2015 年 8 月

达利剧院博物馆位于达利的家乡西班牙加泰罗尼亚的菲格拉斯，是由西班牙内战中毁损的一座旧剧场改建而成。达利剧院博物馆收藏了达利生前丰富而精彩的作品。达利剧院博物馆本身的风格像是"一个巨型的超现实主义物品"，传达着艺术家独特的想法与性格。

达利在绘画、雕塑等领域是一位天才。他多才多艺，作品形式多样，表现内容丰硕。

达利的绘画基础深厚，创作力旺盛，在绘画领域中几乎无所不能。我与几个绘画的朋友谈论过达利和毕加索的绘画艺术，大家一致认为达利的艺术天赋要高于毕加索，而商业运作不及毕加索。

菲格拉斯达利剧院博物馆（二）　高祥生摄于 2015 年 8 月

2. 达利的部分作品

菲格拉斯达利剧院博物馆馆藏的达利的部分作品　高祥生摄于 2015 年 8 月

瓦伦西亚艺术科学城天文馆室外　高祥生摄于 2014 年 9 月

八、瓦伦西亚艺术科学城

瓦伦西亚艺术科学城室外（一）　高祥生摄于 2014 年 9 月

瓦伦西亚艺术科学城室外（二）　高祥生摄于 2014 年 9 月

瓦伦西亚艺术科学城室外（三）　高祥生摄于 2014 年 9 月

瓦伦西亚艺术科学城室外（四）　高祥生摄于 2014 年 9 月

瓦伦西亚艺术科学城室外（五）　高祥生摄于 2014 年 9 月

瓦伦西亚艺术科学城室外（六）　高祥生摄于 2014 年 9 月

瓦伦西亚艺术科学城科学博物馆室外　高祥生摄于 2014 年 9 月

瓦伦西亚艺术科学城入口　高祥生摄于 2014 年 9 月

瓦伦西亚艺术科学城科学博物馆室内　高祥生摄于 2014 年 9 月

科尔多瓦弗拉门戈表演（一）　高祥生摄于 2014 年 9 月

九、科尔多瓦的弗拉门戈

    我在西班牙安达卢西亚的科尔多瓦观赏了一种叫弗拉门戈的歌舞表演。

    这是由吉卜赛人、摩尔人、犹太人创造的融舞蹈、歌唱、乐器演奏为一体的综合表演形式。弗拉门戈最早流行于安达卢西亚等地区，而后成为西班牙的国粹之一。

    弗拉门戈大都在小酒吧、小餐馆表演。这种表演形式使我联想到早年观看的印度电影《大篷车》，也使我感到这种艺术可能融合了印度的歌舞形式。

科尔多瓦弗拉门戈表演（二）　高祥生摄于 2014 年 9 月

科尔多瓦弗拉门戈表演（三）　高祥生摄于 2014 年 9 月

科尔多瓦弗拉门戈表演（四）　高祥生摄于 2014 年 9 月

科尔多瓦弗拉门戈表演（五） 高祥生摄于 2014 年 9 月

科尔多瓦弗拉门戈表演（六） 高祥生摄于 2014 年 9 月

我看不懂弗拉门戈中表演的内容，也听不懂演唱的内容，但演员的表演能强烈地感染我。演员们有时神色伤感，有时豪放泼辣，其情感粗犷中有细腻，质朴中见委婉。弗拉门戈的歌声高昂处似我国秦腔高音的唱法，凄凉时似京剧程派中起伏跌宕的唱腔。舞蹈的动作幅度很大，极富张力，腿部动作似探戈，但比探戈更强劲有力，脚部的节奏极似现代踢踏舞，但又比踢踏舞更有节奏的力度感。弗拉门戈演员大多是富有阅历的中年男女，他们扮演的角色更具有沧桑感，特别受欢迎的女演员不是年轻的女郎，而是饱经风霜的女人。虽然对弗拉门戈的各种描述不尽相同，但普遍认为它是一种源于民间、远离权力中心的在民间广泛流行的艺术。它虽然不算高雅，但绝不粗俗；它根植于西班牙的土壤中，受到大众的欢迎；它具有强大的艺术生命力和极高的艺术欣赏价值，对现代歌舞的创作、创新具有很重要的参考价值。

葡萄牙

一、葡萄牙掠影

　　从现在的世界地图上看葡萄牙的面积不大，但五六百年前可不是这样，当年的葡萄牙凭借率先展开的海上探险和贸易，国力渐盛，遂成海上霸业。而当时的清政府腐败无能，于是葡萄牙借机强逼清政府签订了《中葡会议草约》和《中葡和好通商条约》，"永驻管理"澳门。新中国成立后，中国政府重申，澳门是中华人民共和国不可分割的一部分。从 1986 年 6 月到 1987 年 3 月，中葡两国经过四轮会谈，形成了解决澳门问题的一致意见。1987 年 4 月 13 日，《中葡联合声明》正式签署。《中葡联合声明》庄严宣布：澳门是中国领土，中华人民共和国于 1999 年 12 月 20 日对澳门恢复行使主权。

二、里斯本

1. 里斯本

里斯本，是葡萄牙共和国的首都，是葡萄牙的政治、经济、文化、教育中心。它位于伊比利亚半岛的特茹河河口，城北为辛特拉山，城南临塔古斯河，距离大西洋不到 12 千米，是典型的海洋城市，为欧洲大陆最西端的城市、南欧著名的都市之一。里斯本是工业城市、国际化都市。

在 16 世纪大航海时代，里斯本是当时欧洲最兴盛的港口之一。

里斯本　高祥生摄于 2015 年 8 月

里斯本是个工业发达的城市。特茹河南岸已成为葡萄牙的重要工业中心，主要工业有造船、电子、水泥、冶金、炼油、纺织、化工和玻璃等。

里斯本全年大部分时间风和日丽，温暖如春，舒适宜人。

里斯本街景　高祥生摄于 2015 年 8 月

2. 爱德华七世公园

爱德华七世公园　高祥生摄于 2015 年 8 月

　　爱德华七世公园位于里斯本市中心，自由大道和庞巴尔侯爵广
场以北，占地约 26 公顷，是里斯本市内著名的公园。

　　爱德华七世公园得名于 1902 年访问葡萄牙的英国国王爱德华
七世，是当时英葡亲密政治关系的缩影。

3. 罗西欧广场

罗西欧广场上的自由纪念碑　高祥生摄于 2015 年 8 月

罗西欧广场上的国王佩德罗四世的雕像　高祥生摄于 2015 年 8 月

罗西欧广场（一）　高祥生摄于 2015 年 8 月

罗西欧广场始建于 13 世纪，位于葡萄牙奥古斯塔大街的尽头，是拜沙区北面的起点。

罗西欧广场的面积不大，广场中央矗立着国王佩德罗四世的雕像，在雕像的底部有 4 个女性小雕像，分别象征着正义、智慧、力量和节制。

罗西欧广场（二）　高祥生摄于 2015 年 8 月

罗西欧广场（三）　高祥生摄于 2015 年 8 月

罗西欧广场（四）　高祥生摄于 2015 年 8 月

罗西欧广场（五）　高祥生摄于 2015 年 8 月

4. 贝伦塔

贝伦塔　高祥生摄于 2015 年 8 月

　　贝伦塔，也称圣文森特塔，矗立于葡萄牙的首都里斯本特茹河北岸。1983 年被列为世界文化遗产。此塔不仅是见证葡萄牙曾经辉煌的历史遗迹，同时它的独特建筑风格和特殊的地理位置为它带来了世界各地的旅游观光者。

（根据百度百科资料整理成文）

5. 航海纪念碑

航海纪念碑（一）　高祥生摄于 2015 年 8 月

葡萄牙航海纪念碑，位于里斯本贝伦塔附近，建于 1960 年，屹立于大海旁的广场上。其外形如同一艘展开巨帆的船只。

航海纪念碑（二）　高祥生摄于 2015 年 8 月

6. 热罗尼姆斯修道院广场

热罗尼姆斯修道院广场的雕塑（一）　高祥生摄于 2015 年 8 月

热罗尼姆斯修道院广场的雕塑（二）　高祥生摄于 2015 年 8 月

　　在葡萄牙全盛时期，历时 100 年建成了热罗尼姆修道院，它是葡萄牙最华丽雄伟的修道院。

　　修道院规模宏大，是哥特风格和古典风格的完美结合。它与贝伦塔一同被评为世界文化遗产和葡萄牙七大奇迹之一。

7. 罗卡角

罗卡角（一）　高祥生摄于 2015 年 8 月

　　罗卡角是葡萄牙境内一个毗邻大西洋的海角，是一处海拔约 140 米的狭窄悬崖,为辛特拉山地西端。它处于葡萄牙的最西端，也是欧亚大陆的最西点。人们在罗卡角的山崖上建了一座灯塔和一个面向大洋的十字架。十字架下的石碑上以葡萄牙语写有著名的诗句："陆止于此，海始于斯。"

　　（根据百度百科资料整理成文）

罗卡角（二）　高祥生摄于 2015 年 8 月

8. 辛特拉王宫

辛特拉王宫（一）　高祥生摄于 2015 年 8 月

　　辛特拉王宫始建于 10 世纪，当时辛特拉处于摩尔人统治之下，宫殿是里斯本摩尔总督的行宫。1147 年葡萄牙独立后第一个国王恩里克斯重新夺回里斯本，宫殿成为皇帝的行宫、夏宫和狩猎住所。此后历代国王按自己的喜好加建、扩建宫殿，因此，宫殿规模不断扩大。最早的摩尔建筑如今已不存在。现存最早的建筑是由葡萄牙国王迪尼斯在 14 世纪早期修建的。现存建筑式样融合了哥特式、摩尔式及曼努埃尔式。

辛特拉王宫过厅　高祥生摄于 2015 年 8 月

辛特拉王宫楼梯　高祥生摄于 2015 年 8 月

辛特拉王宫（二） 高祥生摄于 2015 年 8 月

辛特拉王宫（三） 高祥生摄于 2015 年 8 月

辛特拉王宫（四） 高祥生摄于 2015 年 8 月

希腊

一、雅典

1. 雅典机场的商店

雅典机场的商场（一）　高祥生摄于 2017 年 4 月

雅典机场的商场（二）　高祥生摄于 2017 年 4 月

　　雅典是一座很有历史文化的城市，本以为它的公共空间会呈现较传统的感觉，然而雅典机场中的商场却特别时尚。

　　我特别喜欢雅典机场商场给我的感觉，所以我拍了许多商场的照片，并在给学生作讲座时介绍了雅典机场的样式。

雅典机场的商场（三） 高祥生摄于 2017 年 4 月

雅典机场的商店很时尚，与希腊的传统文化形成强烈的对比。

雅典机场的商场（四）　　高祥生摄于 2017 年 4 月

雅典机场的商场（五）　　高祥生摄于 2017 年 4 月

雅典机场的商场（六）　　高祥生摄于 2017 年 4 月

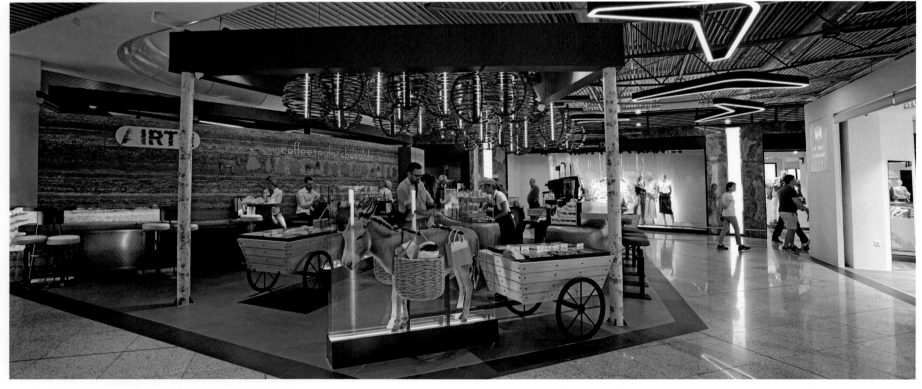

雅典机场的商场（七）　　高祥生摄于 2017 年 4 月

2. 雅典国家考古博物馆

雅典国家考古博物馆（一）　高祥生摄于 2017 年 4 月

　　雅典国家考古博物馆的展品很多是就地取材，可谓精彩纷呈。

雅典国家考古博物馆（二） 高祥生摄于 2017 年 4 月

雅典国家考古博物馆（三） 高祥生摄于 2017 年 4 月

雅典国家考古博物馆（四） 高祥生摄于 2017 年 4 月

古希腊的人物雕像无论是对人体肌肉和动态姿态的表现，还是对服饰纹路的表达，在准确性、真实性上都已达到巅峰水平。

雅典国家考古博物馆（五） 高祥生摄于 2017 年 4 月

雅典国家考古博物馆（六）　高祥生摄于 2017 年 4 月

雅典国家考古博物馆（七）　高祥生摄于 2017 年 4 月

雅典国家考古博物馆（八） 高祥生摄于 2017 年 4 月

雅典国家考古博物馆（九） 高祥生摄于 2017 年 4 月

雅典国家考古博物馆（十）　高祥生摄于 2017 年 4 月

雅典国家考古博物馆（十一）　高祥生摄于 2017 年 4 月

雅典国家考古博物馆（十二）　高祥生摄于 2017 年 4 月

雅典国家考古博物馆（十三）　高祥生摄于 2017 年 4 月

　　古希腊陶罐、器皿、饰品也是美轮美奂、精彩纷呈。

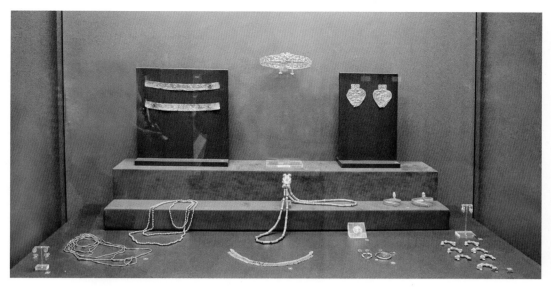

雅典国家考古博物馆（十四） 高祥生摄于 2017 年 4 月

雅典国家考古博物馆（十七） 高祥生摄于 2017 年 4 月

雅典国家考古博物馆（十五） 高祥生摄于 2017 年 4 月

雅典国家考古博物馆（十六） 高祥生摄于 2017 年 4 月

雅典国家考古博物馆（十八） 高祥生摄于 2017 年 4 月

3. 雅典 COCO-MAT 家饰品牌酒店

雅典 COCO-MAT 家饰品牌酒店（一）　高祥生摄于 2017 年 4 月

　　酒店楼梯中用绳索作为装饰既有专业的特色，也很时尚，很"酷"。

雅典 COCO-MAT 家饰品牌酒店（二） 高祥生摄于 2017 年 4 月

雅典 COCO-MAT 家饰品牌酒店（三） 高祥生摄于 2017 年 4 月

雅典 COCO-MAT 家饰品牌酒店（四） 高祥生摄于 2017 年 4 月

　　这家酒店的装饰装修强调了对家居生活的体验感，注重对空间的情景化、时尚感的表达。所有的商品都以情景化展架的形式表现，也是一种很有效的促销形式。

二、圣托里尼岛

圣托里尼岛的建筑环境

圣托里尼岛　高祥生摄于 2017 年 4 月

圣托里尼岛上的费拉镇（一） 高祥生摄于 2017 年 4 月

圣托里尼岛上的费拉镇（二） 高祥生摄于 2017 年 4 月

费拉镇上林林总总的小商店　高祥生摄于 2017 年 4 月

费拉镇街道两侧的店铺（一）　高祥生摄于 2017 年 4 月

费拉镇街道两侧的店铺（二）　高祥生摄于 2017 年 4 月

在费拉镇餐馆的凉棚下远眺大海与山峦（一） 高祥生摄于 2017 年 4 月　　　　在费拉镇餐馆的凉棚下远眺大海与山峦（二） 高祥生摄于 2017 年 4 月

在费拉镇餐馆的凉棚下远眺大海与山峦（三） 高祥生摄于 2017 年 4 月

在伊亚镇悬崖的休憩平台上远眺爱琴海（一）　高祥生摄于 2017 年 4 月

通往伊亚镇悬崖的休憩平台的小巷　高祥生摄于 2017 年 4 月　　在伊亚镇悬崖的休憩平台上远眺爱琴海（二）　高祥生摄于 2017 年 4 月

在伊亚镇悬崖的休憩平台上远眺爱琴海（三）　高祥生摄于 2017 年 4 月

傍晚伊亚镇上白色的房子蒙上红色、暗红色　高祥生摄于 2017 年 4 月

夜幕降临前的伊亚镇　高祥生摄于 2017 年 4 月

夜幕下伊亚镇的街灯　高祥生摄于 2017 年 4 月

夜幕下伊亚镇的临海餐馆　高祥生摄于 2017 年 4 月

夜幕下伊亚镇的临海休息处　高祥生摄于 2017 年 4 月

阳光下白色的洞窟建筑　高祥生摄于 2017 年 4 月

洞窟酒店白色的室内　高祥生摄于 2017 年 4 月

圣托里尼岛上成片白房子面朝蔚蓝色大海　高祥生摄于 2017 年 4 月

清晨圣托里尼岛上的海浪和海风　高祥生摄于 2017 年 4 月

澳大利亚

一、悉尼

1. 悉尼港

悉尼港，东临太平洋，西面为巴拉玛特河，南北两面是悉尼最繁华的中心地带，近邻是著名的悉尼歌剧院，因此，有人称悉尼港是城中港。悉尼港无疑是欣赏悉尼的最佳视点之一。站在这里，人们可以眺望远方的碧水蓝天、山峦楼宇。悉尼港的环形码头停靠着渡船和游船，人们可以选择各种档次和航程的渡船、游船，欣赏悉尼这一世界最大自然海港的美丽景色。环形码头历史上是澳大利亚原住民的发源地，加上邻近悉尼歌剧院与悉尼大桥两个地标，因而成为不少庆典的举办场所。

悉尼港　高祥生摄于 2014 年 3 月

2. 悉尼歌剧院

悉尼歌剧院（一）　高祥生摄于 2014 年 3 月

悉尼歌剧院（二）　高祥生摄于 2014 年 3 月

悉尼歌剧院（三）　高祥生摄于 2014 年 3 月

悉尼歌剧院（四）　高祥生摄于 2014 年 3 月　　　　　　　　　悉尼歌剧院（五）　高祥生摄于 2014 年 3 月

悉尼歌剧院位于澳大利亚新南威尔士州悉尼市区北部悉尼港的便利朗角，1959 年 3 月动工建造，1973 年正式投入使用，是澳大利亚地标式建筑。

悉尼歌剧院的外观似在湛蓝色的海面上，集结了远航船只，扬帆起航。

1957 年，国际评审团决定由丹麦建筑师约恩·乌松设计悉尼歌剧院项目。

悉尼歌剧院坐落在距离海面 19 米的花岗岩基座上，最高的壳顶距海面 60 米，总建筑面积 88 000 平方米。有一个 2 679 座的音乐厅，一个超过 1 500 座的歌剧院和一个 420 座的小剧场，还有展览厅、录音室、酒吧、餐厅等大小房间 900 个。

悉尼歌剧院（六）　高祥生摄于 2014 年 3 月

悉尼歌剧院（七）　高祥生摄于 2014 年 3 月

二、墨尔本

1. 墨尔本的联邦广场

联邦广场位于维多利亚州首府墨尔本市中心的雅拉河河畔，是墨尔本最大的公共广场，占地面积3.8公顷，是一个开放式的多功能广场，墨尔本很多社会活动都会在此举行。

联邦广场是澳大利亚最宏大、最具视觉魅力、结构最复杂的建筑之一。

墨尔本的联邦广场上的建筑　高祥生摄于 2014 年 3 月

联邦广场是一个混合型多功能的场所，这里不仅有可容纳 35 000 人的圆形剧场，还有各种文化、商业建筑，及许多饭店、咖啡馆和商铺。在这里，市民可以观看街头艺人的表演，可以在草坪上与鸽子嬉戏。

墨尔本的联邦广场　高祥生摄于 2014 年 3 月

2. 澳大利亚的植物

　　澳大利亚地处南半球，周围海洋环绕，森林覆盖率为 21%，有许多参天古树等珍贵的植物。

澳大利亚的植物（一）　高祥生摄于 2014 年 3 月

澳大利亚的植物（二）　高祥生摄于 2014 年 3 月

3. 澳大利亚的海边

澳大利亚的海边（一） 高祥生摄于 2014 年 3 月

澳大利亚的海边（二） 高祥生摄于 2014 年 3 月

4. 华纳兄弟电影世界

华纳兄弟电影世界的电影城中有许多供拍电影、电视用的新颖别致、靓丽的建筑和人造景观。每天有许多游人饶有兴趣地穿梭在电影世界中，观赏这些人造的景观。

华纳兄弟电影世界（一）　高祥生摄于 2014 年 3 月

华纳兄弟电影世界（二）　高祥生摄于 2014 年 3 月

华纳兄弟电影世界（三）　高祥生摄于 2014 年 3 月

5. 墨尔本博物馆

墨尔本博物馆位于维多利亚州首府墨尔本市，处于被列入世界遗产名录的卡尔顿花园内。博物馆内部共分为澳大利亚历史馆、植物馆、儿童馆、原住民艺术馆、科技馆、人类生命起源馆、动物馆、未来馆等，里面还有墨尔本 IMAX 立体电影院。

墨尔本博物馆（一）　高祥生摄于 2014 年 3 月

墨尔本博物馆造型极富现代感，金属框架和玻璃幕墙将形制不同、功能各异的个体建筑统合成一个整体。大片的玻璃幕墙除了营建视觉上的通透感外，还为馆内的公共空间撷取了更多的自然光。

墨尔本博物馆展示了澳大利亚社会历史、原住民文化、科学发展及环境。

墨尔本博物馆（二）　高祥生摄于 2014 年 3 月

6. 墨尔本圣帕特里克大教堂

墨尔本圣帕特里克大教堂是一座典雅的哥特式建筑，位于墨尔本市圣帕特里克公园旁边，周围的环境很优美。

教堂内的空间恢宏，拱券交错，玫瑰窗伫立。与其他教堂一样，祷告者们在这里虔诚地朝圣坛祷告。

墨尔本圣帕特里克大教堂外观（一） 高祥生摄于 2014 年 3 月

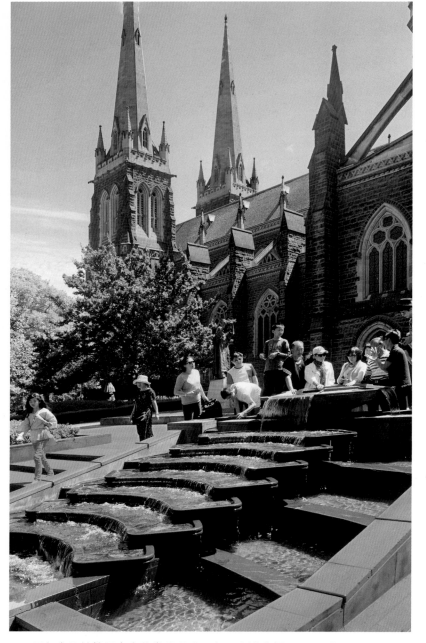

墨尔本圣帕特里克大教堂外观（二） 高祥生摄于 2014 年 3 月

墨尔本圣帕特里克大教堂室内（一）　高祥生摄于 2014 年 3 月

墨尔本圣帕特里克大教堂室内（二）　高祥生摄于 2014 年 3 月

大海与十二门徒岩（一） 高祥生摄于 2014 年 3 月

7. 大洋路边的十二门徒岩

　　十二门徒岩位于澳大利亚维多利亚州大洋路边，每个圣徒岩都由几亿块小石头聚积而成。因为它们的数量及形态恰巧酷似耶稣的十二门徒，故澳大利亚政府在 1950 年就以圣经故事里的十二门徒为之命名。当初澳大利亚政府为十二门徒岩命名时，也许有 12 块，但现在人们就只见过 9 座巨岩，附近还有 3 个在低潮时略微露出海面的岩墩。2005 年 7 月 3 日 1 块石头碎裂，2009 年 9 月 25 日又有 1 块倒塌，现在人们大多只能见到 7 块石头。

　　墨尔本十二门徒岩已建成一个公园，游人经常会沿大洋路驱车数百千米前去观赏、游览。

大海与十二门徒岩（二） 高祥生摄于 2014 年 3 月

大海与十二门徒岩（三）　高祥生摄于 2014 年 3 月

大海与十二门徒岩（四）　高祥生摄于 2014 年 3 月

大海与十二门徒岩（五）　高祥生摄于 2014 年 3 月

大洋路的洛克阿德峡谷（一）　　高祥生摄于 2014 年 3 月

8. 大洋路的洛克阿德峡谷

　　洛克阿德峡谷，也叫沉船峡谷，位于维多利亚州著名的大洋路上的坎贝尔港国家公园内，与十二门徒岩相邻。

　　洛克阿德峡谷是一片险峻的海岸，有一处步道可以下到海滩，海水从由两侧高大的悬崖所形成的闸门涌入，汇成一汪深蓝碧透的翡翠池。洛克阿德峡谷气势磅礴，是大洋路最美的地方之一。

大洋路的洛克阿德峡谷（三） 高祥生摄于 2014 年 3 月

大洋路的洛克阿德峡谷（二） 高祥生摄于 2014 年 3 月

大洋路的洛克阿德峡谷（四） 高祥生摄于 2014 年 3 月

9. 墨尔本城市装置

这些装置像巨大的飘带，给城市平添了轻柔、灵动之美。

墨尔本城市装置（一）　高祥生摄于 2014 年 3 月

墨尔本城市装置（二）　高祥生摄于 2014 年 3 月

日本

一、大阪

1. 大阪关西国际机场

大阪关西国际机场（一）　高祥生摄于 2016 年 6 月

大阪关西国际机场（二）　高祥生摄于 2016 年 6 月

关西国际机场位于日本大阪府西南部的大阪湾上的关空岛，距大阪市中心 35 千米，是日本国家中心机场。

关西国际机场是世界第一座完全填海造陆而成的人工岛机场，于 1987 年动工兴建，1994 年 9 月 22 日正式通航；2012 年 7 月，关西国际机场和大阪国际机场（伊丹机场）合并运营；2017 年 9 月，合并运营神户机场的业务。

大阪关西国际机场是著名建筑大师伦佐·皮亚诺的代表作。

伦佐·皮亚诺是意大利人，出生在一个建筑世家，对建筑结构和施工技术早已熟稔于心。

伦佐·皮亚诺是高技派的创始人，其代表作是法国的蓬皮杜中心、伦敦的碎片大厦、纽约的惠特尼博物馆以及日本的关西国际机场。

（根据百度百科资料整理成文）

2. 大阪梅田天空之城

大阪梅田天空之城一层大厅　高祥生摄于 2016 年 6 月

梅田天空之城位于大阪市北部梅田区，是日本最早的连接式的超高层大楼。它高 173 米，共有 40 层楼。

梅田天空之城是一座复合性的游乐大楼；其中地下一层是一条购物街，地面上是一个花园，花园里绿荫浓郁，鲜花争奇斗艳。从一楼乘坐快速电梯到楼顶有一个圆形的露天展望台和一处咖啡厅，可以瞭望大阪市的任何一个角落，城市的美景尽收眼底。

（根据现场调研和百度百科资料编撰）

大阪梅田天空之城　高祥生摄于 2016 年 6 月

3. 大阪梅田一客服中心

大阪梅田一客服中心一层大堂　高祥生摄于 2016 年 6 月

4. 大阪南海瑞士酒店

大阪南海瑞士酒店大堂（一）　高祥生摄于 2016 年 6 月

大阪南海瑞士酒店坐落于大阪市最
繁华的难波地区，位于难波车站正上方。
酒店大堂的装饰精致、华美。

大阪南海瑞士酒店大堂（二）　高祥生摄于 2016 年 6 月

二、淡路

1. 淡路威斯汀酒店

淡路威斯汀酒店外立面　高祥生摄于 2016 年 6 月

　　淡路威斯汀酒店实际上是淡路梦舞台的一部分。清水混凝土与突出的三角形前段是这家酒店建筑的特色。这个酒店的室内空间形态、材质、灯光设计都很有特色，在夜晚灯光下的建筑空间更是魅力十足。

淡路威斯汀酒店过廊（一） 高祥生摄于 2016 年 6 月

淡路威斯汀酒店过廊（二） 高祥生摄于 2016 年 6 月

淡路威斯汀酒店客房外廊道　高祥生摄于 2016 年 6 月

淡路威斯汀酒店过厅廊道　高祥生摄于 2016 年 6 月

兵库县真言宗本福寺水御堂室外　高祥生摄于 2016 年 6 月

2. 兵库县真言宗本福寺水御堂

　　真言宗本福寺水御堂位于日本兵库县南部淡路岛的本福寺后面的山丘之上，是著名建筑设计师安藤忠雄的设计作品，很有创意。建筑物地上层是一座莲花池，地底下是一座神寺，整栋建筑物透过清水泥墙由上倾斜而下，直到水御堂。水御堂藏在莲花池之下，要进入其内部，需要从莲花池中央的楼梯拾级而下，犹如在莲花池的包裹中慢慢步入庙宇。

兵库县真言宗本福寺水御堂楼梯　高祥生摄于 2016 年 6 月

3. 兵库县立美术馆

兵库县立美术馆　高祥生摄于 2016 年 6 月

兵库县立美术馆旋转楼梯　高祥生摄于 2016 年 6 月

兵库县立美术馆亦是著名建筑师安藤忠雄的设计作品。建筑的空间中似乎没有二次叠加装饰件，但建筑的形态、灯光、构件都能使人感到设计中的装饰感。

三、东京

1. 东京 RICOH 大楼

东京 RICOH（理光）大楼中汽车销售空间的展台和装置艺术　高祥生摄于 2016 年 10 月

2. 东京浅草文化旅游信息中心

东京浅草文化旅游信息中心（一）　高祥生摄于 2016 年 10 月

　　这是由隈研吾建筑事务所设计的位于日东东京浅草的一个文化旅游信息中心项目，中心内设有旅游信息中心、会议室、多功能大厅和展示空间。

　　在该建筑的室内空间中，无论是展览大厅还是楼梯廊道等空间形态都很有特色。顶层的大片透明玻璃窗让人们将建筑附近的城市景观尽收眼底。

东京浅草文化旅游信息中心（二）　高祥生摄于 2016 年 10 月

3. 东京上野公园

东京上野公园　高祥生摄于 2016 年 10 月

4. 东京国立西洋美术馆

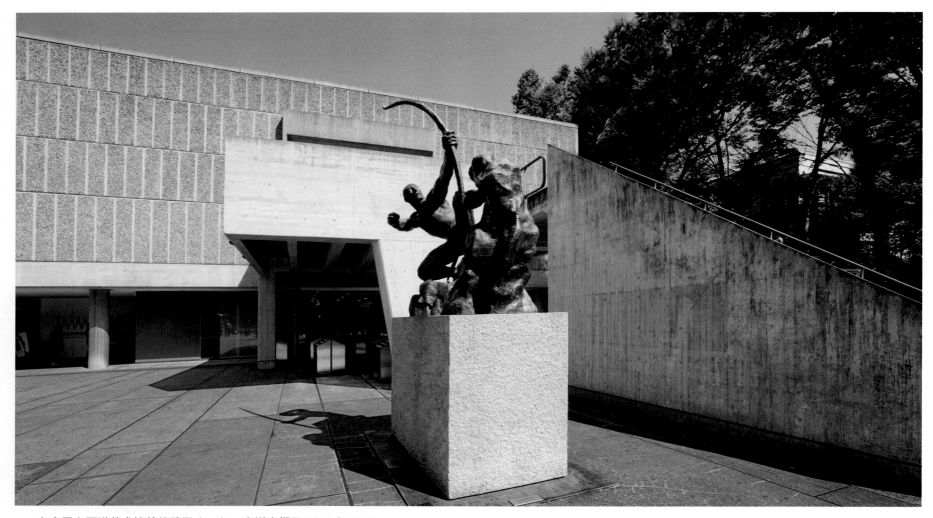

东京国立西洋美术馆前的雕塑（一）　高祥生摄于 2016 年 10 月

东京国立西洋美术馆前的雕塑（二）　高祥生摄于 2016 年 10 月

东京国立西洋美术馆室内　高祥生摄于 2016 年 10 月

5. 东京都美术馆

　　东京都美术馆位于东京上野公园内，是日本第一座公立美术馆。

　　美术馆共有 5 层，分为地上 2 层和地下 3 层，设有临展厅、室外展厅、美术情报室及佐藤庆太郎纪念展厅等。

（根据百度百科资料撰写）

东京都美术馆室内楼梯（二）　高祥生摄于 2016 年 10 月

东京都美术馆室内楼梯（一）　高祥生摄于 2016 年 10 月

6. 东京多摩美术大学

多摩美术大学，现为日本规模最大的美术大学，是东京五座美术大学（多摩美术大学、武藏野美术大学、东京造形大学、女子美术大学、东京艺术大学）之一。

多摩美术大学的教学楼为著名建筑设计师安藤忠雄所设计，建筑的线条简洁、明快。

多摩美术大学图书馆的入口空间，以及其中的阅读休息空间既有特色，又有建筑设计的空间感。

（根据百度百科资料撰写）

东京多摩美术大学教学楼入口环境　高祥生摄于 2016 年 10 月

东京多摩美术大学教学楼（一） 高祥生摄于 2016 年 10 月

东京多摩美术大学教学楼（二） 高祥生摄于 2016 年 10 月

东京多摩美术大学的图书馆入口大厅（一）　高祥生摄于 2016 年 10 月

东京多摩美术大学的图书馆入口大厅（二）　高祥生摄于 2016 年 10 月

7. 东京根津美术馆

东京根津美术馆底层室内小景　高祥生摄于 2016 年 10 月

东京根津美术馆入口楼梯　高祥生摄于 2016 年 10 月

　　根津美术馆的馆址是根津家族的旧居，除此之外美术馆还有保留的根津青山庭园。美术馆外以大自然为主题，因此绿树成荫，曲径通幽，令人心旷神怡。

　　馆内收藏了实业家根津嘉一郎收集的以古代艺术品和茶器为中心的 7 600 多件艺术品，以茶道用具和佛教艺术作品最为著称。

（根据百度百科资料撰写）

8. 东京安缦酒店

东京安缦酒店中庭　高祥生摄于 2016 年 10 月

安缦度假酒店是一个有着独特发展方向的全球连锁酒店，大多位于世界各个最美丽，最具历史特色、地方特色，最迷人的景点，东京安缦酒店也是。

东京安缦酒店位于大手町站附近，前往包括银座购物区在内的所有东京著名地标均十分便捷。

东京安缦酒店将传统的日本风格、现代风格有机地结合在一起，显得高档、低调、文雅、舒适，无疑是世界顶级酒店之一。

东京安缦酒店休息厅　高祥生摄于 2016 年 10 月

东京安缦酒店室内小景　高祥生摄于 2016 年
10月

东京安缦酒店室内廊道（一）　高祥生摄于
2016 年 10 月

东京安缦酒店室内廊道（二）　高祥生摄于
2016 年 10 月

东京安缦酒店休息廊　高祥生摄于 2016 年 10 月

9. 东京大手町一办公楼

东京大手町一办公楼室内　高祥生摄于 2016 年 10 月

10. 东京新宿 NS 大厦

新宿 NS 大厦是一栋位于东京都新宿区的 30 层摩天大楼，在 NS 大厦附近有不少 60 层左右的超高层建筑。因此大厦业主和设计师通过降低大楼高度，并在空间创造上下功夫，探求超高层建筑设计的新思路，从而取得建筑突显的效果。

（参考百度百科资料撰写）

东京新宿 NS 大楼（一）　高祥生摄于 2016 年 10 月

东京新宿 NS 大楼（二）　高祥生摄于 2016 年 10 月

11. 东京新宿商店

东京新宿商店（一） 高祥生摄于 2016 年 10 月

东京新宿商店（二） 高祥生摄于 2016 年 10 月

12. 东京代官山茑屋书店

东京代官山茑屋书店外立面及廊道　高祥生摄于 2016 年 10 月

东京的代官山茑屋书店位于代官山的住宅区，它由 3 栋建筑组成，总计藏书 15 万册，影音馆的 DVD 和 CD 出租约有 13 万张，此外还有书店的咖啡馆、宠物美容馆、照相机专卖店、餐厅等时尚空间。茑屋书店既是代官山住宅区的公共设施，又是代官山住宅区的一个靓丽的景观区。

东京代官山茑屋书店廊道　高祥生摄于 2016 年 10 月

13. 东京大学图书馆

东京大学是日本历史最悠久的大学之一。　　　　的建筑形式，历经岁月的洗礼，仍富有极强的建筑艺术魅力。

现在的东京大学图书馆创立于 1877 年，大多为西方传统　　　东京大学图书馆是东京大学校园建筑的重要组成部分。

东京大学图书馆入口廊道　高祥生摄于 2016 年 10 月

14. 东京成田国际机场出发厅

东京成田国际机场出发厅　高祥生摄于 2016 年 10 月

东京成田国际机场出发厅休息区　高祥生摄于 2016 年 10 月

东京成田国际机场出发厅商场（一） 高祥生摄于 2016 年 10 月

东京成田国际机场出发厅商场（二） 高祥生摄于 2016 年 10 月

成田国际机场也叫东京成田国际机场，位于日本千叶县成田市，西距东京都中心 63.5 千米。它是 4F 级国际机场、国际航空枢纽、日本国家中心机场 。

1978 年 5 月 20 日，新东京国际机场建成通航；2002 年 4 月，新东京国际机场第二跑道启用；2004 年 4 月 1 日，新东京国际机场正式更名为成田国际机场；2009 年 10 月，成田国际机场第二跑道北延启用；2019 年 9 月 5 日，成田国际机场 T3 航站楼改扩建工程启动。

成田国际机场共有 3 座航站楼，分别为 T1 航站楼、T2 航站楼、T3 航站楼。

（根据百度百科资料撰写）

东京成田国际机场出发厅儿童食品店入口　高祥生摄于 2016 年 10 月

15. 东京 Sunny Hills 甜品店

这是台湾甜点店 Sunny Hills（微热山丘）在东京新开的分店，也是日本著名建筑设计师隈研吾的作品。

该项目是一个由细窄木条搭建成的错综复杂相互交织界面形成的小型的饮食店，在形态上颇有特色。

东京 Sunny Hills 甜品店室内楼梯　高祥生摄于 2016 年 10 月

东京 Sunny Hills 甜品店室内休息室　高祥生摄于 2016 年 10 月

16. 东京 TEPIA 宇宙科学馆

东京 TEPIA 宇宙科学馆外立面　高祥生摄于 2016 年 10 月

TEPIA 宇宙科学馆是由日本著名建筑师设计的一幢建筑，为螺旋体大楼形态。

因 TEPIA 宇宙科学馆的外型受周边环境因素影响，设计师将它设计成一座 40 米 ×40 米 ×20 米的长方形平行六面体建筑。

东京 TEPIA 宇宙科技馆室内　高祥生摄于 2016 年 10 月

17. 东京表参道

东京表参道 BOSS 旗舰店外立面　高祥生摄于 2016 年 10 月

18. 东京安达仕酒店

东京安达仕酒店走廊装置　高祥生摄于 2016 年 10 月

东京安达仕酒店廊道与服务台　高祥生摄于 2016 年 10 月

东京安达仕酒店备餐厅　高祥生摄于 2016 年 10 月

东京安达仕酒店中庭　高祥生摄于 2016 年 10 月

东京安达仕酒店廊道酒吧　高祥生摄于 2016 年 10 月

东京安达仕酒店的装置（一）　高祥生摄于 2016 年 10 月

东京安达仕酒店的装置（二）　高祥生摄于 2016 年 10 月

　　东京安达仕酒店是由室内设计师季裕棠与日本设计大师绪方慎一郎携手合作设计完成的，其中大堂、酒廊空间、客房和餐厅均由季裕堂主持设计。

　　安达仕酒店很时尚，也很有特色，我在这家酒店中住了两天，拍了不少照片。酒店的装饰、装置都对我的设计理念很有启发，装饰的细部很耐看，装置的形式、用材令人记忆深刻。

　　酒店中的灯光，特别是间接光的设计恰到好处，客房的平面布置既有特色，也很合理、舒适。这是我住过的最好的酒店之一。

19. 东京扎寺公共剧院

东京扎寺公共剧院外立面　高祥生摄于 2016 年 10 月

东京扎寺公共剧院楼梯的灯光（二） 高祥生摄于 2016 年 10 月

东京扎寺公共剧院楼梯的灯光（一）高祥生摄于 2016 年 10 月

　　东京扎寺公共剧院是由日本著名的建筑设计师伊东丰雄设计的。该剧院的建筑造型很新颖，建筑的立面为黑色，屋顶的轮廓呈弧形，夜幕下的剧院许多细部已模糊了，但建筑的体块仍很清晰。

　　我最感兴趣的是剧院楼梯区的装饰。

东京扎寺公共剧院楼梯的灯光（三） 高祥生摄于 2016 年 10 月

东京扎寺公共剧院楼梯的灯光（四） 高祥生摄于 2016 年 10 月

20. 东京街景

东京街景　高祥生摄于 2016 年 10 月

四、京都

1. 京都火车站

京都火车站站内空间（一）　高祥生摄于 2016 年 6 月

京都火车站是日本多条铁路线路的总站，其体量大、功能全。如果说京都火车站对中国铁路站房设计有参考价值，那就是京都火车站除了进出货流、客流的功能齐全外还包含了诸多商业功能、休闲功能。在城市功能与车站功能一体化方面，京都火车站对中国车站建设有许多可资借鉴之处。

京都火车站廊道与休息区　高祥生摄于 2016 年 6 月

京都火车站站内空间（二）　高祥生摄于 2016 年 6 月

京都火车站站内上下扶梯处　高祥生摄于 2016 年 6 月

京都火车站位于京都市下京区。京都是日本著名的文化名城，京都火车站是京都市的地标性建筑。

京都火车站为日本著名建筑师原广司设计，主体结构为钢筋混凝土，是 20 世纪末的后现代建筑的典型案例之一。虽然此风格与京都的本土文化关系不大，但就建筑形体而言至今仍有借鉴之处。

京都火车站站内廊道　高祥生摄于 2016 年 6 月

2. 京都二条城

京都二条城入口门头　高祥生摄于 2016 年 6 月

京都二条城入口大堂　高祥生摄于 2016 年 6 月

3. 京都一和式餐厅

京都一和式餐厅楼梯（一） 高祥生摄于2016年
10月

京都一和式餐厅楼梯（二） 高祥生摄于2016年
10月

京都一和式餐厅廊道小景 高祥生摄于2016年
10月

221

4. 京都凯悦酒店

　　凯悦酒店是一个全球连锁酒店。京都凯悦酒店与京都安缦酒店相比，前者强调国际化的成分较多，后者在强调国际化的同时还注重表现了当地的文化元素。

京都凯悦酒店　高祥生摄于 2016 年 6 月

5. 京都大德寺

大德寺始建于 1315 年，位于京都市北区，是洛北最大的寺院，也是禅宗文化中心之一。

大德寺内尚有大仙院、养源院、瑞峰院和高桐院四个寺院。其中大仙院的庭院是江户初期枯山水庭园的代表作，景致优雅。

京都大德寺　高祥生摄于 2016 年 6 月

京都大德寺庭园内景　高祥生摄于 2016 年 6 月

6. 京都祇园街巷

　　祇园是日本最著名的艺伎的"花街"，位于京都鸭川以东的东山区，分祇园东和祇园甲部两片。据说茶屋最早是在1665年在这里营业，至今已有300多年的历史。1999年祇园被日本政府指定为历史景观保护地区。

京都祇园街巷（二）　　高祥生摄于2016年6月

京都祇园街巷（一）　　高祥生摄于2016年6月

7. 京都国立博物馆平成知新馆

京都国立博物馆平成知新馆室外　高祥生摄于 2016 年 10 月

京都国立博物馆平成知新馆室内　高祥生摄于 2016 年 10 月

韩国

一、首尔

1. 首尔国立现代美术馆室外装置

首尔国立现代美术馆室外装置（一）　高祥生摄于 2006 年 11 月

首尔国立现代美术馆室外装置（二）　高祥生摄于 2006 年 11 月

首尔国立现代美术馆室外装置（三）　高祥生摄于 2006 年 11 月

首尔国立现代美术馆室外装置（四）　高祥生摄于 2006 年 11 月

首尔国立现代美术馆室外装置（五）　高祥生摄于 2006 年 11 月

首尔国立现代美术馆室外装置（六）　高祥生摄于 2006 年 11 月

首尔国立现代美术馆室外装置（七）　高祥生摄于 2006 年 11 月

2. 首尔游乐场

首尔游乐场（一）　高祥生摄于 2006 年 11 月

首尔游乐场（二）　高祥生摄于 2006 年 11 月

3. 首尔华克山庄酒店中的装置

首尔华克山庄酒店中的装置（一）　高祥生摄于 2006 年 11 月

首尔华克山庄酒店中的装置（二）　高祥生摄于 2006 年 11 月

首尔华克山庄酒店中的装置（三）　高祥生摄于 2006 年 11 月

首尔华克山庄酒店中的装置（四）　高祥生摄于 2006 年 11 月

首尔华克山庄酒店中的装置（五）　高祥生摄于 2006 年 11 月

首尔华克山庄酒店中的装置（六）　高祥生摄于 2006 年 11 月

首尔华克山庄酒店中的装置（七）　高祥生摄于 2006 年 11 月

首尔华克山庄酒店中的装置（八）　高祥生摄于 2006 年 11 月

首尔华克山庄酒店各色灯（一）　　高祥生摄于
2006 年 11 月

首尔华克山庄酒店各色灯（二）　　高祥生摄于
2006 年 11 月

首尔华克山庄酒店各色灯（三）　　高祥生摄于
2006 年 11 月

233

4. 首尔景福宫

首尔景福宫（二）　高祥生摄于 2006 年 11 月

首尔景福宫（一）　高祥生摄于 2006 年 11 月

首尔景福宫（三）　　高祥生摄于 2006 年 11 月

首尔景福宫（四）　　高祥生摄于 2006 年 11 月

首尔景福宫（五）　高祥生摄于 2006 年 11 月

首尔景福宫（六）　高祥生摄于 2006 年 11 月

首尔景福宫（八）　高祥生摄于 2006 年 11 月

首尔景福宫（七）　高祥生摄于 2006 年 11 月

二、韩国景观小品

韩国景观小品（一）　高祥生摄于 2006 年 10 月

韩国景观小品（二）　高祥生摄于 2006 年 10 月

韩国景观小品（三）　高祥生摄于 2006 年 10 月

三、韩国艺术村

韩国艺术村（一）　高祥生摄于 2006 年 10 月

韩国艺术村（二）　高祥生摄于 2006 年 10 月

柬埔寨

一、吴哥窟

缓缓流淌的河流似乎在诉说吴哥王朝曾经的辉煌　高祥生摄于 2016 年 1 月

曾经博大恢宏的吴哥都城　高祥生摄于 2016 年 1 月

被战争摧毁的吴哥都城　高祥生摄于 2016 年 1 月

战争摧毁的建筑（一）　高祥生摄于 2016 年 1 月

战争摧毁的建筑（二）　高祥生摄于 2016 年 1 月

从残垣断壁中可窥都城规模的宏大　高祥生摄于 2016 年 1 月

残垣断壁中的佛像　高祥生摄于 2016 年 1 月

战后残留的建筑　高祥生摄于 2016 年 1 月

残留的恢宏　高祥生摄于 2016 年 1 月

枯木逢春 古树参天　高祥生摄于 2016 年 1 月

精美绝伦的吴哥建筑　高祥生摄于 2016 年 1 月

吴哥都城曾经的辉煌一瞥　高祥生摄于 2016 年 1 月

二、金边王宫

　　柬埔寨的金边王宫是一组金色屋顶、黄色墙体环绕的建筑。王宫内有曾查雅殿、金殿、银殿、舞乐殿、宝物殿等大小 20 多座宫殿，在王宫的回廊上有仿吴哥寺的浮雕。

　　曾查雅殿雕梁画栋，琉璃瓦顶，同左侧金光闪烁的波列莫罗科特佛塔相呼应，景色优美。

　　凯马琳宫相当于我国古代皇宫中的金銮殿，设有国王宝座。宝座镶着黄金、钻石，雕镂极其精巧。凯马琳宫是国王接受百官朝见、接见外国贵宾、接受外国使节递交国书等重大活动的场所。2000 年 11 月江泽民主席访问柬埔寨时，就是在凯马琳宫与西哈努克国王会见的。

金边王宫（一）　　高祥生摄于 2016 年 1 月

金边王宫（二） 高祥生摄于 2016 年 1 月

金边王宫（三） 高祥生摄于 2016 年 1 月

柬埔寨金边王宫室内 高祥生摄于 2016 年 1 月

斯里兰卡

一、印度洋上的珍珠——斯里兰卡

斯里兰卡是印度洋上的一个南亚岛国，斯里兰卡的面积有65 610平方千米。斯里兰卡为丘陵地带，海拔一般都在150米以下。斯里兰卡盛产宝石、红茶、香料，树木主要有鸡蛋花树、棕榈树、枘树、铁木树等。而对我们这些学过建筑设计和环境设计的人来说，最关心的还是斯里兰卡里的建筑设计和室内外环境设计。只要谈到斯里兰卡，人们不能不提一位建筑大师，他就是在全世界都闻名的杰弗里·巴瓦。

我们不可想象如果没有巴瓦，斯里兰卡的建筑设计和环境设计是什么地位，而正是有了巴瓦和巴瓦设计的建筑，斯里兰卡国家的建筑才被世界上诸多国家的设计师认可，同时巴瓦的设计理念也在全世界得以推广。

我们都知道巴瓦的建筑设计是学习了勒·柯布西耶现代主义的设计思想，但巴瓦的设计融合了斯里兰卡的本土文化：一种亲水、亲自然、敬畏自然的思想情感。巴瓦的建筑设计思想和方法也影响了我国一批青年设计师。

在我未曾了解杰弗里·巴瓦之前，我对斯里兰卡没有特殊的感觉，而了解了之后，我在敬重巴瓦的同时，也敬重了斯里兰卡。有人形容斯里兰卡是印度洋上的一滴泪水，在我看来这滴泪水是闪光的，这滴泪水像宝石闪闪放光，这光芒是斯里兰卡的文化。

傍晚毗邻印度洋的海滩　高祥生摄于 2016 年 4 月

二、科伦坡

1. 科伦坡巴瓦工作室

　　巴瓦工作室是传统和现代结合的典范，它既是一家私人艺术画廊，又提供简餐。

　　巴瓦工作室是一个非常狭长的基地，场地内包含数个单独的房子，它们由此形成了 3 个露天庭院，分别是入口庭院、画廊庭院和连带着餐饮长廊的花园庭院。

　　中国水缸是巴瓦建筑中常见的装饰，建筑、地形、植被、器物都会融入巴瓦设计的建筑空间中。穿过走廊来到画廊庭院，有一个长方形水池和廊道。

　　画廊庭院的两侧是艺术作品展示区域，左侧的院子是露天的，院子不大，景观材质却很丰富，有长方形地砖和石头。

巴瓦工作室室内　高祥生摄于 2016 年 4 月

巴瓦工作室廊道　高祥生摄于 2016 年 4 月

2. 科伦坡 33 街巴瓦自宅

　　33 街位于科伦坡郊区，是巴卡特勒路的一条支巷。

　　巴瓦没有享誉世界的旷世杰作，但他提出的坡屋顶院落式居住方案却影响了斯里兰卡的城市形态，他所倡导的设计建造一体化、建筑环境一体化的设计理念和家庭作坊式的工作方式也影响了很多当代建筑师。

科伦坡 33 街巴瓦自宅　高祥生摄于 2016 年 4 月

3. 科伦坡肉桂大酒店

科伦坡肉桂大酒店的大堂（一） 高祥生摄于 2016 年 4 月

科伦坡肉桂大酒店的大堂（二） 高祥生摄于 2016 年 4 月

　　肉桂大酒店在科伦坡很著名，在斯里兰卡也很著名，它是一家五星级酒店，许多国家的领导人都住过这家酒店。我也有幸住了两个晚上、一个白天，也算将肉桂大酒店的店内店外看了个遍。肉桂大酒店的大堂很气派也很端庄，很规整，地面铺装、顶棚造型都很图案化。大堂的设施体现了五星级酒店的高标准。底层最引人注目的空间是紧邻大堂的附厅，这附厅的功能纯属是观赏性的，表现地域文化的装置、陈设，视觉冲击力很强，特别到了傍晚以后，半透明的水缸造型的装置通透光亮，水缸装置呈四方连续状坐立在黑色镜面石材上，石材的面层还浸着清澈的水，缓缓流入四周的水槽，而高悬在空中的巨大的吊灯与下部的"水缸"上下呼应。此情此景让人流连忘返。

酒店的设施也是一流的：所有客房和套房都有独立温控的空调、迷你吧、沏茶设备、瓶装饮用水、平板电视、高速互联网、24 小时客房送餐服务和客房清洁服务、冷热水、豪华浴室设施、吹风机、浴袍、卧室拖鞋、办公桌、文具夹及当地报纸、体重秤、熨斗、熨板等。

　　酒店中有会议室，单独的商务中心、吸烟室。一楼的室外游泳池是科伦坡最大的游泳池之一，客人可以在此游泳或在泳池旁的阳光下休闲，酒店还有一个带顶棚的屋顶游泳池。

　　科伦坡是一个繁华的大城市，它有许多著名的景点，而肉桂大酒店又是诸多景点中最引人注目的人造景点。

科伦坡肉桂大酒店的客房中屋　高祥生摄于 2016 年 4 月

科伦坡肉桂大酒店的附厅　高祥生摄于 2016 年 4 月

三、卢努甘卡庄园

卢努甘卡庄园入口　高祥生摄于 2016 年 4 月

房屋掩映在绿植中　高祥生摄于 2016 年 4 月

植物与水池　高祥生摄于 2016 年 4 月

伫立在水池旁的印度麻竹　高祥生摄于 2016 年 4 月

坎达拉玛遗产酒店大堂入口与总服务台　高祥生摄于 2016 年 4 月

坎达拉玛遗产酒店大堂入口一侧山脊　高祥生摄于 2016 年 4 月

五、斯里兰卡的安缦酒店

斯里兰卡的安缦酒店的海边　高祥生摄于 2016 年 4 月

斯里兰卡的安缦酒店的大堂　高祥生摄于 2016 年 4 月

斯里兰卡的安缦酒店的庭园（一）　高祥生摄于 2016 年 4 月

斯里兰卡的安缦酒店的庭园（二）　高祥生摄于 2016 年 4 月

斯里兰卡的安缦酒店的庭园（三）　高祥生摄于 2016 年 4 月

斯里兰卡的安缦酒店的庭园（四）　高祥生摄于 2016 年 4 月　　　　　　斯里兰卡的安缦酒店的庭园（五）　高祥生摄于 2016 年 4 月

斯里兰卡的安缦酒店的庭园（六）　高祥生摄于 2016 年 4 月

斯里兰卡的安缦酒店室内（一）　高祥生摄于 2016 年 4 月

斯里兰卡的安缦酒店室内（二）　高祥生摄于 2016 年 4 月

1. 古典建筑的形成时间和影响地区

古典建筑形成一般指的是公元前5世纪至公元前4世纪时，"包括巴尔干半岛南部，小亚细亚西海岸，爱琴海上诸岛屿以及东至黑海沿岸，西至意大利西西里的广大地区的许多奴隶制国家的建筑"（李国豪等主编《中国土木建筑百科辞典·建筑卷》）。在此阶段古希腊建筑以其独特的选址、布局、柱式以及装饰等开古典建筑之先河。

古典建筑成熟时期的古罗马建筑不仅指公元前5世纪形成的意大利半岛西部的罗马共和国的建筑，还包括公元前1世纪末形成的罗马帝国的广大疆域内的建筑，这时罗马帝国的版图已扩大到欧亚非三洲。古罗马建筑在继承古希腊建筑的基础上进一步发展，其规模之大、数量之多、形式之完美、技术之精湛，可谓宏伟博大之至，它对欧洲乃至全世界建筑的影响是其他任何建筑形式无法比拟的。

古希腊和古罗马的建筑有很长一段时间基本是平行发展的。两种建筑之间有很大的联系，但也有一些不同之处，大致表现为：希腊建筑的启蒙期早于罗马，希腊古典时期的建筑繁荣一时，压倒同时代的罗马，到希腊化时期开始衰败。罗马征服希腊后，在希腊建筑基础上发展起来的罗马建筑取代了希腊建筑的主导地位。

（1）古希腊人富有自由浪漫的气质，有着丰富的想象力和创造精神，因而希腊建筑多呈现抒情性、唯美性和创造性的艺术感。古罗马人骁勇善战、务实、勇于行动。他们积极地消化希腊文化，以实践代替过多的想象，用模仿取代创造。因此罗马建筑中务实性、理性和叙事性的特征更为明显。

（2）希腊建筑以为精神服务的神庙为主，而罗马建筑大多是为世俗生活服务的建筑。罗马国力强盛，世俗生活丰富，涉猎领域广泛，因此建筑样式、功能设置更为丰富。

（3）罗马的疆域辽阔，对外交流频繁，与各种文化结合，使其建筑形式多种多样。

（4）希腊的石材制作水平很高，然而其黏合技术却远不如罗马。罗马的天然混凝土已较为成熟，使其在许多方面，尤其是结构技术上的成就高于希腊建筑。

雅典卫城山门柱廊（一）　高祥生摄于2017年4月

2. 形成古典建筑的思想基础

雅典卫城山门柱廊（二）　高祥生摄于 2017 年 4 月

雅典卫城帕提农神庙立面（一）　高祥生摄于 2017 年 4 月

雅典卫城帕提农神庙立面（二）　高祥生摄于 2017 年 4 月

任何一种建筑风格的形成都与当时的社会习俗、风土人情、建筑经验、审美习惯和人文思想有关，古典建筑也是如此。

古希腊人在处于原始社会时，生存能力有限，他们必须克服自然界中不利于生存的因素和自身的疾病，在这种情况下就产生了原始崇拜。这种原始崇拜后来渐渐发展成为古希腊神话，这些神话直接哺育了古希腊的艺术。神话多是对征服自然的英雄主义以及雄壮体魄、超常智慧和坚忍不拔的意志的歌颂。正如马克思所说："……是用想象和借助想象以征服自然力、支配自然力，把自然力加以形象化……"（《马克思恩格斯选集》二卷，133 页）古希腊神话的全民性、民主性和"神人同形"的思想以及"人体是最美的东西"理念在当时的建筑艺术中打下了深深的烙印。尤其对古典建筑柱式的影响巨大，希腊柱式中多立克柱式（Doric Order）反映的是阳刚坚毅，而爱奥尼柱式（Ionic Order）表现的是柔美隽秀。

哲学中的理性思维是当时建筑设计的另一个重要思想，也即把自然中万物的存在理解为数和数之间的关系，即和谐组合。同时认为数字之间的和谐关系和对人体的崇拜模仿是可以统一的，因为人体的美是由和谐的数的原则所规定的，因而人体各部分的和谐关系运用到建筑之中，必然会有美观的效果。

严密的比例关系也是和生产实践相适应的，当时为了便于开采、加工石材，也为了方便砌筑古典柱式，必须准确地计算石材的尺寸，并使石材的尺寸之间有一种互相关联的内在因素。就这一意义而言，生产实践是古典建筑样式形成的直接原因。

罗马建筑在继承希腊建筑的基础上向理性走得更近。专制思想成为当时的主导，集中制成为罗马诸多建筑的形式。

3. 古典建筑的典范

希腊古典样式是在埃及和爱琴海建筑的影响下慢慢形成的，其样式是逐渐演变的。

雅典卫城（Acropolis of Athens）是希腊古典时期宗教建筑的代表。它建在平均高度约为 156 米的坡地上，成为雅典城的视觉中心。卫城是由山门、雅典娜（Athena）神像、帕提农神庙（Parthenon）、伊瑞克先神庙（Erechtheion）和雅典娜胜利神庙（The Temple of Athena Nike）组成的建筑群，位于今天雅典城中部。最初的建筑在希波战争中全部被毁，后来重建于公元前 447 年至公元前 406 年间，由雕刻家费地亚斯总体负责。建筑群的平面布局灵活自由、错落有致，造型注重视觉的平衡与和谐，体量追求变化之中求统一，并兼顾建筑物和环境的互相映衬，整个建筑群无论从哪个位置观赏都是那样完美。在雅典卫城中，多立克柱式、爱奥尼柱式被熟练地应用，尤为显著的是列柱被运用到室内，以及用人像柱代替爱奥尼柱式。雅典卫城地势陡峭，在西端有一可以向上的通道。原来在进入山门后，矗立着 11 米高、满身戎装、英姿飒爽的雅典娜镀金铜像，成为卫城视觉中心。绕过山门从侧边拾级而上，进入平坦的广场，广场的右前方是帕提农神庙绵延而雄伟壮丽的列柱和连续而丰富的浮雕，左前方是伊瑞克先神庙及隽柔秀美的女郎柱。整个建筑群由体量最大、装饰最美的帕提农神庙统率，以达到统一和谐的艺术效果。卫城不仅是希腊人的自豪，也是深受西方人乃至全人类推崇的建筑艺术的珍品。

雅典卫城帕提农神庙立面（三） 高祥生摄于 2017 年 4 月

雅典卫城伊瑞克先神庙（一） 高祥生摄于 2017 年 4 月

4. 柱式的规矩

古典建筑柱式是指由梁与柱组成的梁柱结构形式，由檐部和柱子两部分组成。柱式以柱身底径为基本模数，与各局部形成一定的比例关系，从而建立一种法式。这种法式又直接影响或决定了古典建筑的形式。如果说，古典建筑需要一种理性的规则，需要局部和整体之间以及局部与局部之间有系统的、和谐的、整数比例的关系，那么柱式正好是度量和比例的最佳载体，它给予建筑以规律性、合理性和逻辑性。实际上古典柱式是构成古典建筑形制的最基本的要素。

古代希腊建筑的柱式主要有三种，分别是"形成于希腊半岛的多立克柱式和形成于小亚细亚的爱奥尼柱式，以及公元前5世纪产生的科林斯柱式（Corinthian Order）"。这三种柱式，从整体风格到细部处理都有明显的特征。古代罗马人继承了古希腊的建筑遗产，并对其柱式进行了改良和发展，他们完善了科林斯柱式，改造了多立克柱式，继承了爱奥尼柱式，创造了混合式（Composite Order），发展了罗马原有的塔司干式（Tuscan Order），从而形成了古罗马五柱式。古希腊的三柱式和古罗马的五柱式共同构成了西方古典建筑柱式。

古典建筑柱式有规范的形式和特征。古希腊柱式的柱身、檐部、基座以及柱间距均以柱身的底直径为模数而构成一定的比例关系。多立克柱式、爱奥尼柱式和科林斯柱式也各有特点。多立克柱式表现了雄健刚劲，爱奥尼柱式表现了柔美典雅，科林斯柱式表现了华丽秀美。古希腊时期典型的多立克柱式、爱奥尼柱式和科林斯柱式的不同特点主要区分如下：

多立克柱式：柱高为底径的4~6倍，柱身上有20个凹槽。

爱奥尼柱式：柱高是底径的9~10倍，柱身上有24个槽。

科林斯柱式：各部分造型与爱奥尼柱式相似，不同点是科林斯柱头为毛茛叶（Acanthus）雕刻，爱奥尼柱头为卷涡雕刻。

希腊雅典卫城中伊瑞克先神庙（二）　高祥生摄于 2017 年 4 月

巴黎歌剧院天花板上的绘画（二）　高祥生摄于 2018 年 6 月

巴黎歌剧院的圆形过厅　高祥生摄于 2018 年 6 月

巴黎歌剧院的雕像　高祥生摄于 2018 年 6 月

爱奥尼的柱式造型柔美典雅，其柱头是流畅、舒展的卷涡雕刻，柱子的比例修长。建筑师加尼埃同样在传统的爱奥尼式柱上做了改良，他取消了柱身的凹槽设计，使得柱身看上去更加平整、柔顺。

休息大厅不仅内部奢华之极，落地窗的上方还设有许多镀金铜像，周围由灰、红、金三色砖石砌成，显得华丽而又凝重。其中包括了 31 名作曲家和剧作家的雕像，包括莫扎特、贝多芬和罗西尼等，雕塑细致传神，犹如大师再生。

加尼埃认为歌剧院不完全为上演歌剧而建，它更能使人们在一种集会式的庄重的仪式中，体验美梦和幻想。因此，巴黎歌剧院的内外装饰使用了各种颜色的大理石，有白色的、蓝色的、红色的、绿色的、玫瑰色的等等，使整个大厅呈现出豪华富贵的气质。

3. 洛可可风格的中央大厅

歌剧院中央就是巨大的马蹄形观众厅。这样的视野设计极为科学，因为从任何一个角度看舞台，都可使室内的视线效果和演出效果达到最佳。观众厅中天鹅绒的红色构成了主色调，其间嵌入金色饰面，显得富丽堂皇。

观众厅的天顶装饰得像一个皇冠，中央有巨型的水晶吊灯，吊灯周围的绘画具有超现实主义风格，精美绝伦，让人目眩神迷。顶棚上处处都充满着镀金雕塑，高贵而典雅，与皇冠的形象很相衬，符合剧院的皇家气质。

巴黎歌剧院有欧洲传统歌剧院中最大的舞台，舞台上方有33米高的净空，这大大增加了舞台的表现力。大幕上有金色饰边和褶裥的红天鹅绒幕布。

歌剧院整体构架全部采用金属框架结构，设计师还把这些金属结构用金箔裹了起来，使人感觉更加富丽堂皇。

除此之外，巴黎歌剧院中还渗透了一些现代风格、后现代风格的设计，如按巴黎歌剧院建成时间 19 世纪推算，后现代风格尚未出现，应该是后来的设计师添补上的。

洛可可风格的观众厅　高祥生摄于 2018 年 6 月

4. 我对形成折中主义风格缘由的理解

巴黎歌剧院的建筑和装修风格秉承了古典建筑样式的脉络，囊括了古典主义、巴洛克样式和具有洛可可风格雏形的样式，甚至有后现代的多种多样的特征。

究其原因有两点，一是当时社会认识的多元化。法国在18世纪末、19世纪初是欧洲文艺活动的中心，各种思想流派纷至迭出。绘画上，出现了印象主义、浪漫主义画派等；音乐上，出现了法国民族乐派、印象主义乐派等；文学上，出现了现实主义文学和浪漫主义文学；建筑上，出现了巴洛克建筑、洛可可建筑、新古典主义建筑等。那时兴盛了多个世纪的纯粹的古典主义已不再受重视。在这种情况下，巴黎歌剧院风格的多元化也是很自然的。

二是巴黎歌剧院的设计、建造时间漫长。1671年，有建筑设计师负责建造了"皇家歌剧院"，但这座建筑在1763年被大火毁灭。1861年其重建工程开始启动，1870年因普法战争被迫中断。直至1874年，巴黎歌剧院终于竣工。巴黎歌剧院建造完成历经两百多年，中间更换了几任设计师，因此它的样式和风格不会统一。两百多年间，不同时间段因不同设计师、不同设计观念的变化，必然会影响到建筑和建筑装修的形态，这就是时代文化在设计中的作用。

5. 结语

巴黎歌剧院很能体现当时巴黎建筑的建造水平，也最能体现法国建筑在继承西方古典文化的同时，又在古典文化基础上有所创新的作风。

在我的印象和认识中巴黎歌剧院室内有很多地方说不清是巴洛克风格还是洛可可风格，说不清是古典风格还是巴洛克风格，说不清是现代风格还是古典风格……

我认为最主要的还是建筑师设计师的设计理念。事实上，1830年法国哲学家库桑提出了"折中主义"的观点。巴黎歌剧院最终的设计是1861年开始，1874年建造完成。之间迟了数十年，我无能力考证两者之间的具体联系，但哲学思想影响社会的认知理念是大家共同认同的道理。

我认为当今评价一幢建筑物的美与不美，不能根据某种单一的建筑风格来评判，只要它能在造型与装饰艺术上达到人们喜欢的视觉效果，这幢建筑就具有美的基因。假如认为威尼斯建筑是"折中主义"（多元化）的，那它的"折中主义"主要表现在室外多幢建筑形态的整合上，而巴黎歌剧院的"折中主义"则主要反映在一幢建筑室内外的多种风格混搭中，但它们在视觉上都是美的，都是建筑样式上的"混血化"。

当今时代在发展，信息量也越来越大，这些日益增多的信息都是多元的，多元的信息必然产生多元的文化，也必然产生更多的"混血儿"建筑。所以，我们应采取包容的态度接纳这类"混血儿"。

三、哥特建筑的风采

1. 概述

12世纪末至13世纪初，一种被称为"哥特"的建筑在法国的北部兴起。这种建筑之所以被称为"哥特"，主要是因为当时的意大利人认为哥特人是日耳曼人的一支，而哥特人又参与了日耳曼人摧毁罗马帝国的建筑文明的行动，因此，意大利人对这段历史耿耿于怀，加上文艺复兴的艺术家们不喜欢这种建筑风格，认为"哥特式"是"野蛮的"。而实际上，哥特式建筑不但不野蛮，而且还成为人类建筑史上的又一高峰。

巴黎圣母院（一）　高祥生摄于2018年6月

哥特建筑的主要成果表现在：

（1）哥特建筑将之前的墙体承重体系改变为柱体承重体系，将结构构件与装饰构件相结合成为承重与装饰统一的形式，如教堂中的华盖、飞扶壁，采用肋架拱为拱顶的承重构件，使拱顶的厚度减薄，重量减轻，侧推力减小。因为肋架拱有各种形状，因此拱顶可以覆盖各种形状和各种大小的平面，从而使建筑内部的形状更灵活，形式更统一；在新技术、新工艺的推动下无论室内还是室外都充斥了垂直向上的线条，层层叠落的尖卷、飞腾向上的火焰券、繁复精美的雕刻营造了人间美景和通往"天国"的气氛。

（2）由于结构形式的革新，产生了一系列建筑形态的变化，建筑形态的变化又丰富了建筑的功能，扩大并改善了建筑的空间形态，"使哥特教堂的大厅室内成市民大会堂、公共礼堂、市场和剧场，市民们在里面举办婚丧大事，教堂世俗化了。正是这时形成的市民文化因此更多地渗透到教堂建筑中去。市民文化也已经改变了对基督教的信仰，市民们从信仰救世主转向信仰圣母，而圣母是大慈大悲救苦难的，使人满怀得赦的希望，基督教成了无情世界的感情。城市主教堂绝大多数是献给圣母的，市民们当然要求主教堂体现他们的新感情、新信仰"（《外国建筑史：十九世纪末叶以前》第三版，陈志华著，106页）。

（3）哥特建筑的兴起促进了建筑施工工艺的快速提升。当时法国北部的石匠队伍施工水平已经非常成熟。现在看来倘若没有这样的一支匠人队伍，任何哥特建筑都无法建造到如此精美的地步，而哥特建筑也就无法遍及欧洲及其他地区。

时至今日，人们不再会认为哥特建筑是"野蛮的"，相反地人们都认为哥特建筑是人类建筑宝库中的一颗钻石。她以独特的形态、优美的造型、迷人的风采，成为让西方各国城市历久弥新的标志。

巴黎圣母院（二）　高祥生摄于 2018 年 6 月

2. 哥特建筑的范例

（1）巴黎圣母院

我对哥特建筑产生兴趣还是从雨果的长篇小说《巴黎圣母院》和根据该小说改编的电影《巴黎圣母院》开始的，加上 2019 年春天里的一把火，使巴黎圣母院的建筑更引人关注。小说、电影中巴黎圣母院的场景要比现实中的巴黎圣母院恢宏、精彩。现实中的巴黎圣母院是悲惨的、多事的。也因为受文艺作品的魅力和现实的无情的影响，我曾两度参观了巴黎圣母院，并从此对哥特建筑产生浓厚的兴趣。

巴黎圣母院（全称为巴黎圣母主教座堂）位于法国巴黎市中心的塞纳河畔的西堤岛上。该教堂是天主教巴黎总教区的主教座堂。巴黎圣母院始建于 12 世纪中期，整座教堂于 14 世纪中期全部建成，历时近 190 年。教堂的建筑风格为哥特式，并在哥特式教堂中最负盛名。教堂内珍藏的 13—17 世纪的大量艺术珍品闪烁着人类的智慧。

虽然巴黎圣母院是哥特建筑中最负盛名的教堂，但立面形态与多数哥特教堂的立面形态迥然有别。正立面上的一组对称的建筑造型似乎仍抹不去罗马柱式的影子，只是侧面和背立面与罗马式的建筑造型已经大相径庭了。此教堂建筑中已明显使用的飞扶壁、火焰券、尖顶，特别是中部的尖锥状的塔顶，已足以表达了哥特建筑的风格。

教堂内的光线还是比较暗的，以致教堂中的祭坛、回廊、门窗等处雕刻和绘画作品必须借用灯光才能看到。很显然，这里的开窗面积不是很大，由此可以说，巴黎圣母院仍然是早期的哥特建筑风格。

（2）米兰大教堂

米兰大教堂　高祥生摄于 2018 年 4 月

意大利王国首个国王维多里奥·埃玛努埃莱二世的骑马铜像　高祥生摄于 2018 年 4 月

著名的米兰大教堂是一座天主教堂，位于意大利米兰市，是米兰的主教座堂，也是世界著名的教堂，规模居世界哥特式教堂第二。始建于 14 世纪末，16 世纪初完成拱顶，1774 年最高的哥特式塔尖上的镀金圣母玛利亚雕像（La Madonnina）由 Giuseppe Perego 建造，是米兰市的象征。整个教堂于 19 世纪20 年代完工。

米兰大教堂的立面上的壁柱、顶拱门、壁龛门套、门饰、窗套、窗饰精致细微，壁柱起伏有度、高低错落、主次分明，壁柱上的雕刻形态生动、内容丰富。值得强调的是，所有造型都趋于垂直向上，通向天国的感觉。米兰大教堂的广场呈矩形平面，开阔、简洁。广场的中央设一尊意大利王国首个国王维多里奥·埃玛努埃莱二世的骑马铜像。似乎只要晴天，广场上就都是人山人海，若需要摄影留念，也只能在人头攒动的空隙找时机。几乎所有欧洲的广场上都有成群成群的飞鸽，只是米兰大教堂广场上的鸽子比别的广场多，它们不怕人，经常与游人、信徒挤在同一个空间。大教堂的右侧是一个拱廊市场，拱廊的设计很时尚，拱廊商店中的商品也很潮。总之这里是传统与时尚共存，人类与动物共处，人类与神灵同辉。

伦敦威斯敏斯特教堂（一）　高祥生摄于 2013 年 8 月

伦敦威斯敏斯特教堂（二）　高祥生摄于 2013 年 8 月

伦敦威斯敏斯特教堂（三）　高祥生摄于 2013 年 8 月

伦敦威斯敏斯特教堂（四）　高祥生摄于 2013 年 8 月

（3）威斯敏斯特教堂

英国伦敦的威斯敏斯特教堂的建筑为哥特风格，位于伦敦市的中心。该教堂始建于 10 世纪，完工于 18 世纪。自 11 世纪威廉大帝在此登基后，之后的历代英国国王均在此加冕。另外，还有很多功臣、名人埋葬于此教堂，如生物学家达尔文、物理学家牛顿、音乐家亨德尔，因此威斯敏斯特教堂在英国的声誉最响，地位最高。

威斯敏斯特教堂坐落在泰晤士河北岸，平面呈长方形，长 156 米，宽 22 米，邻近处设有一块并不宽敞的草坪，草坪紧贴交通要塞，所以威斯敏斯特教堂没有大广场。这是否就是英国式哥特教堂平面形制的特点，我不得而知，但就我知道哥特

风格的格洛斯特大教堂、剑桥国王学院礼拜堂等都没有专门的广场。威斯敏斯特教堂的建筑立面没有外凸的、细长的结构柱以及飞扶壁、火焰券等，只是在敦实的柱子的顶部设有具有哥特特征的尖顶。威斯敏斯特教堂的宗教气氛还是很浓的，有哥特风格的特征，但与法国、意大利等的哥特风格似乎有些区别。

后查阅相关资料得知：威斯敏斯特教堂在公元 960 年前原是一座天主教本笃会隐修院，后成为圣公会教堂。据我所知，公元 960 年前英国还没有哥特式风格的建筑，所以，当时扩建、改建，甚至重建的教堂，只要是在原建筑的基础上进行的，建筑形态的影响是很难抹去的，这就像西班牙科尔多瓦大清真寺现在的风格，历史的痕迹是难免的。

圣维特大教堂（一）　高祥生摄于 2017 年 8 月

圣维特大教堂（二）　高祥生摄于 2017 年 8 月

圣维特大教堂（三）　高祥生摄于 2017 年 8 月

（4）圣维特大教堂

　　圣维特大教堂是捷克首都布拉格的一座哥特式天主教堂，它是罗马天主教布拉格总教区的主教座堂，也是捷克最大、最重要的一座教堂。教堂位于布拉格城堡内，是哥特式建筑的精彩范例。

　　圣维特大教堂早期为罗马式圆形建筑，1060 年扩建为罗曼式教堂，1344 年在原教堂的基础上建造了一座哥特式教堂，最后于 20 世纪初修建完毕。更换的彩色玻璃窗为阿尔丰斯·慕夏的作品。

　　圣维特大教堂是捷克历代皇帝举行加冕典礼的场所，至今在这里藏有 14 世纪波希米亚国王查理四世的纯金皇冠、金球、令牌。

　　圣维特大教堂对于后期哥特式风格在中欧的发展产生了巨大的影响。它影响了中欧各地诸多教堂和建筑的风格，如著名的维也纳的圣斯蒂芬大教堂、法国的斯特拉斯堡主教座堂、萨格勒布的圣马可教堂，以及库特纳霍拉的圣巴巴拉教堂。同时斯洛文尼亚、克罗地亚北部、奥地利、捷克共和国、波兰和德国南部的哥特式建筑都受到圣维特大教堂风格的影响。

圣斯蒂芬大教堂（一）　高祥生摄于 2017 年 5 月

圣斯蒂芬大教堂（二）　高祥生摄于 2017 年 5 月

圣斯蒂芬大教堂（三）　高祥生摄于 2017 年 5 月

（5）圣斯蒂芬大教堂

圣斯蒂芬大教堂位于奥地利维也纳的市中心，现在的教堂为典型的哥特风格。圣斯蒂芬大教堂因毗邻城市街道，故没有专门的广场，但每天不分白天黑夜去教堂朝圣和参观的群众仍络绎不绝。

12 世纪初圣斯蒂芬大教堂是一座罗马风格的教堂，后来遭遇两次大火后，开始重新建造了具有哥特风格的教堂。现在看到的哥特风格主要是在 14 世纪后形成的，在此后的四五百年的历史上，圣斯蒂芬大教堂几乎没有遭受多大的破坏，但在 1945 年第二次世界大战最后的那几天，教堂因遭受炮火袭击起火，教堂的屋顶、铜钟、管风琴和大部分玻璃窗画毁于一旦。战后的奥地利满目疮痍，"修复教堂的工作从 1948 年开始，1962 年结束。全奥地利的九个联邦州，分别负责修复大教堂的某一个部分。如今，各州人民精诚团结，共同修建圣斯蒂芬大教堂已被传为佳话"。

（根据百度百科资料整理撰写）

圣帕特里克大教堂（一）高祥生摄于 2014 年 3 月

圣帕特里克大教堂（二）高祥生摄于 2014 年 3 月

（6）墨尔本圣帕特里克大教堂

圣帕特里克大教堂位于澳大利亚墨尔本市中心。教堂是 19 世纪最具哥特风格的建筑之一。教堂的尖塔高耸，自百米开外就能清晰可见其秀美端庄的形象。

因教堂的室外与公园连接，环境显得清丽、隽美。公园中潺潺流水、花木扶疏、古木参天。教堂内哥特式的壁柱端庄高大，门拱和窗拱向上层层递进，顶棚中的尖圈重重叠叠，韵味十足。两侧的玫瑰窗艳丽而又神秘，成排的座位整齐划一，简洁而肃穆，讲坛的设计精致而合规，理所当然成了教堂内的视觉中心。

圣帕特里克大教堂（三）　高祥生摄于 2014 年 3 月

匈牙利国会大厦（一） 高祥生摄于 2017 年 5 月

匈牙利国会大厦（二） 高祥生摄于 2017 年 5 月

（7）匈牙利国会大厦

匈牙利国会大厦（三）　高祥生摄于 2017 年 5 月

人们大都认为哥特样式都是建造教堂的，殊不知哥特样式也可表现公共建筑，匈牙利的国会大厦就是一个绝好例子。我在匈牙利期间游览了多瑙河，除了多瑙河上一座座精美的跨河大桥外，最引人注目的应是多瑙河边的匈牙利国会大厦。蓝色多瑙河波光粼粼，端庄的国会大厦在夜幕下金光闪闪，光彩夺目。日间我又参观了国会大厦。国会大厦建筑外立面挺拔、简明，无疑是在哥特样式中力求表现行政建筑的感觉，建筑的内部反映了建筑外部的形态特征，尤其是穹顶既有哥特样式的表现，又以花卉图案的形式构建了隽美的视觉中心。

（8）慕尼黑新市政厅

慕尼黑新市政厅是一座体量硕大的哥特式建筑。建筑立面上布满琳琅满目的哥特式样的装饰构件。85 米高、层层递进的钟楼成为新市政厅的标志。立面上的壁龛、尖顶、火焰券等都是哥特样式的准确注解。

市政厅前设有市民广场，这里有朝拜者，有游览者。总之，这座建筑不大像市政办公大楼，而是像一座大教堂。

慕尼黑新市政厅　高祥生摄于 2017 年 8 月

四、拜占庭建筑的兴衰

威尼斯圣马可教堂（一）　高祥生摄于 2018 年 4 月

1. 简述

古典建筑在古希腊、古罗马延续发展了数百年，但随着古罗马帝国的衰弱中断了。公元 395 年古罗马分裂为两部分：东东罗马帝国，西罗马帝国。西罗马帝国在一段时期内保持了古典建筑的样式。罗马帝国以君士坦丁堡为首都，也叫拜占庭帝国。拜占庭帝国鼎盛时疆域包括巴尔干半岛、小亚细亚、巴勒斯坦、埃及、北非马格里布地区和意大利等。"而后在 1453 年被土耳其人灭亡。"（摘自《外国建筑史十九世纪末叶以前》

第三版，陈志华著，第 89 页）

我对拜占庭建筑的知识知之甚少，所以也无法展开讲。拜占庭建筑在吸取了古罗马建筑的优点并采纳了东方建筑的设计手法的基础上，发展了具有自身特色的建筑风格。

典型的拜占庭建筑特征是圆形的屋顶。建筑的墙体是很厚实的，墙上开设窄小的窗户，窗户上嵌有彩色玻璃。

威尼斯圣马可教堂（二）　高祥生摄于 2018 年 4 月

2. 拜占庭建筑的范例

（1）威尼斯圣马可教堂

　　我曾撰写过关于威尼斯建筑的多元风格的文章，其中也曾对圣马可教堂的风格作过描述。圣马可教堂建于 11 世纪，它的平面近似正十字形，在交叉处和四个角部设有穹顶，中部的穹顶比前部的穹顶大一些，其他各个稍小一些。与其他拜占庭建筑的结构相似，穹窿由柱墩通过帆拱支撑，穹窿与下部交接处设有小窗。最初的圣马可教堂外形比较简朴，且有沉重感，12—15 世纪之间，特别是 15 世纪的文艺复兴时期，教堂的顶部加上了尖顶，正面设置了华丽的壁龛。现在的圣马可教堂朝广场的立面上设有双层拱券，上层拱券的边饰尤为繁复、华丽，下层的拱券坐落在巴洛克样式的柱子上。很显然，由于教堂各部分修建的时间不同，圣马可教堂的风格也有混搭的成分。

从总督府内庭看威尼斯圣马可教堂　高祥生摄于 2018 年 4 月

威尼斯圣马可教堂与总督府交接处　高祥生摄于 2018 年 4 月

赫尔辛基格洛艺术酒店　高祥生摄于 2012 年 8 月

（2）我见到的拜占庭建筑样式

　　我在谈论拜占庭建筑时，总有一种遗憾是没有去过君士坦丁堡，没有观赏过拜占庭建筑的最著名的范例——圣索菲亚教堂。为了弥补这种缺陷，我在去俄罗斯期间，就格外认真地观察了几座我认为最受拜占庭风格影响的建筑。另外，我也去过德国新天鹅堡，但因新天鹅堡的内部不允许拍照，所以较难具体描写拜占庭建筑的室内。我去过芬兰赫尔辛基的格洛艺术酒店，我觉得它具有拜占庭风格特征，我这种说法是否正确，只能请专家评说。

（3）莫斯科克里姆林宫

　　莫斯科的克里姆林宫，是由几组建筑组成的建筑体，单个建筑的体量不大，但建筑组合后有相当大的体量。对于克里姆林宫是否算拜占庭建筑，我未找到史资的佐论，但可以肯定其建筑的造型受到拜占庭建筑风格的影响。整个克里姆林宫建筑群全都是整齐划一的"洋葱顶"，搁置在几乎是实体的敦厚的白色的"碉堡"形建筑上，建筑上间隔嵌着长形小窗。克里姆林宫的广场上散落着三三两两的参观者，衬托出建筑物的伟岸；墨绿色的冠木在建筑物的侧旁，使建筑更显靓丽。莫斯科的天空很蓝很蓝，云很白很白。克里姆林宫的建筑是整齐划一的，屋顶闪亮闪亮，墙是净白净白的，这里的一切都呈现出明亮美丽的景致。

莫斯科克里姆林宫的伊凡大帝钟楼　高祥生摄于 2012 年 8 月

莫斯科克里姆林宫的圣弥额尔教堂　高祥生摄于 2012 年 8 月

莫斯科克里姆林宫的天使报喜大教堂　高祥生摄于 2012 年 8 月

（4）莫斯科圣瓦西里教堂

莫斯科圣瓦西里教堂是"伊凡雷帝为纪念攻破蒙古人最后的根据地喀山而建的"（摘自《外国建筑简史》刘先觉、汪晓茜编著，第 177 页）。建筑物坐落在红场的一侧，不在红场的中轴线上，但它是红场上最突出的建筑物。

如果说克里姆林宫的建筑是在拜占庭建筑风格影响下产生的一种形似于拜占庭风格的建筑形态，那么圣瓦西里教堂只能算是一种"神似"。

圣瓦西里教堂给我的视觉冲击力可以用"震撼"和"诱人"两个词来形容。

圣瓦西里教堂大面积采用红砖饰面，细部嵌以白色石材。教堂最有特色的是穹顶，其形状有的像"洋葱头"，有的像彩色"冰淇淋"，也有人说像几团熊熊燃烧的火焰。教堂立面上的纹样有的呈半圆形，有的呈三角形，也有的呈方形，具有东方图案的特色。

莫斯科圣瓦西里教堂　高祥生摄于 2012 年 8 月

圣瓦西里教堂的外立面色彩是热烈的，形状是动感的，整体形式是独特的。我认为这组建筑与其说是一座教堂，倒不如说它是一尊表现战争胜利的纪念碑；与其说它是一组受拜占庭建筑风格影响的建筑物，倒不如说它是一组独具特色的艺术作品。毫无疑问，就建筑的形体而言，圣瓦西里教堂尚有拜占庭建筑风格的基本规制，但又不是纯正的。它是集多家之长形成的独一无二的、独具魅力的"混血儿"建筑。

莫斯科喀山圣母大教堂　高祥生摄于 2012 年 8 月

（5）莫斯科喀山圣母大教堂

　　位于红场东北角的喀山圣母大教堂是为了纪念击退 1612 年的波兰军队入侵而建造的。传说一个 9 岁的小女孩梦到圣母告诉她，圣像被埋在喀山废墟的下面，教堂的名字由此而来。

　　喀山圣母大教堂显然受拜占庭风格的影响，中部为一拜占庭风格的穹顶建筑，四周簇拥着波浪状的拱券顶。教堂下部的墙体有古典建筑样式的特征。

五、巴洛克建筑

1. 巴洛克的解读

　　最初，在西方传统的建筑设计理论中常用西班牙语"Barroco"将巴洛克艺术比喻为"形状不规则的珍珠"，用拉丁语"Barocco"贬低巴洛克有"荒谬的思想"，这些说法的本质就是否定巴洛克艺术。

　　巴洛克建筑是巴洛克艺术的重要内容，它在16世纪末至17世纪中期出现在罗马，后传播至法国、奥地利、匈牙利、西班牙等欧洲国家，以及被欧美殖民的国家。巴洛克建筑与文艺复兴之前的建筑中强调理性、秩序、清冷的建筑形态相悖，反而在艺术中追求奢华、绚丽、运动、雄壮、无序的感觉。

塞维利亚慈善医院　立面中的门窗、山墙、纹饰都具有巴洛克风格的特征
高祥生摄于2014年9月

维也纳美泉宫　广场前喷水池中具有巴洛克特征的雕塑　高祥生摄于2017年5月

维也纳霍夫堡皇宫　立面中巴洛克风格的装饰构件　高祥生摄于2017年5月

　　我无能力说清楚巴洛克艺术的全部理论，特别是巴洛克艺术的雕塑、绘画、诗歌、音乐的特点。我仅能根据我在相关专业书籍中获得的知识，结合自己在国内外参观相关建筑后获得的体会，对巴洛克建筑及装饰谈谈个人的认识。

　　巴洛克艺术在建筑领域主要出现在建筑设计、广场设计、雕刻艺术和装饰设计中。

2. 巴洛克建筑形态的主要特征

我曾经在欧洲旅游时听导游说，建筑立面上有"牛眼窗"（椭圆形窗）的就是"巴洛克建筑"，我悄悄地告诉导游这种说法不全面，巴洛克建筑中不少有"牛眼窗"，但巴洛克建筑的样式特征不仅是"牛眼窗"。

我理解的巴洛克艺术主要表现在形态的扩张、雄壮和组织的无序上。

在建筑中的具体表现是：

（1）造型标新立异，追求产生视觉冲击力。

（2）极度炫耀财富，力求色彩华丽，材质昂贵。

（3）在广场平面、建筑平面中强调外向、开放、不规则。

（4）不注重形态设计的序列感，逻辑性、整体性。

（5）在建筑平面规划设计中力求构图形状的图案重复化，如花纹的反复；强化平面中轴线的延长和形状的扩张，如圆形发展为椭圆形。

（6）力求建筑装饰中雕塑、绘画与建筑主体的结构分离。

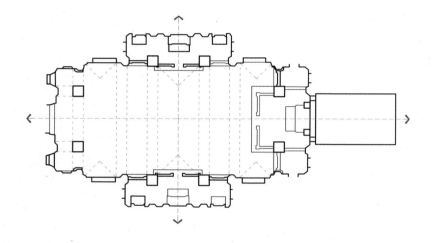

卡普拉罗拉的圣特雷莎教堂平面　表示长方形平面向前后、左右的扩张　高祥生工作室依据诺伯格—舒尔茨的《巴洛克建筑》中插图重新绘制

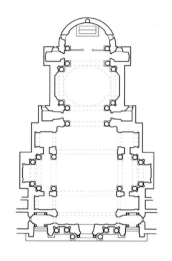

罗马坎皮泰洛的圣玛丽亚教堂（一）　示意巴洛克建筑平面的各种方向扩张形式高祥生工作室依据诺伯格—舒尔茨的《巴洛克建筑》中插图重新绘制

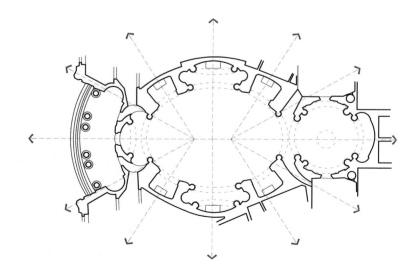

罗马坎皮泰洛的圣玛丽亚教堂（二）　表示圆形、椭圆形平面的扩张　高祥生工作室依据诺伯格—舒尔茨的《巴洛克建筑》中插图重新绘制

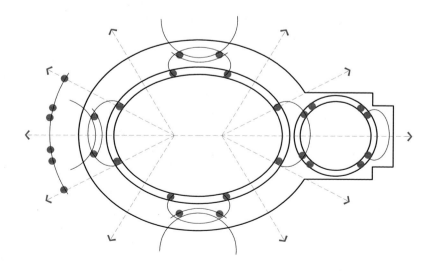

罗马坎皮泰洛的圣玛丽亚教堂平面示意图　表示圆形、椭圆形平面的扩张高祥生工作室依据诺伯格—舒尔茨的《巴洛克建筑》中插图重新绘制

巴黎歌剧院室内　具有巴洛克风格的顶棚、地面装饰、集束的四柱　高祥生摄于 2018 年 6 月

（7）强化建筑的装饰感和装饰的独立性，诸如在外立面上出现双层山花，或表现山花的断裂，并在山花中点缀雕刻图形。另外还在门、窗的周边加设与结构或构造无关的装饰纹样、构件。

（8）加长柱子的长度，以加长的柱础与柱身、柱头组合，达到加高立面的效果。立面在垂直方向上设两层或三层叠柱，在水平方向上设双柱，甚至三柱、四柱。

（9）表现建筑立面的扩展感，如在较窄的建筑立面中设弧形的、无使用功能的、对称的、有装饰感的边墙、边饰。

（10）建筑界面或构造的转折处设置装饰雕塑，有的饰以金色。

（11）建筑室外装饰与室内装饰的样式可以不一致。

（12）建筑装饰中力求形态的丰富性，追求装饰构件将建筑立面"撑满""撑破"的感觉。

（13）装饰中使用亮丽、耀眼的色彩，如金色、白色、蓝色、浅色等。

（14）在建筑立面上设椭圆形窗，重点部位设圆形窗。

（15）室内顶棚图形或地面常出现以椭圆形为中心的图案形式。

巴洛克建筑在世界各国的表现形式有一些差别，但基本特征是一致的。

拉泰拉诺的圣乔万尼教堂　示意巴洛克建筑中的加长柱　高祥生工作室依据诺伯格—舒尔茨的《巴洛克建筑》中插图重新绘制

叶卡捷琳娜宫（二）　外立面中的装饰构件呈现出典型的巴洛克风格的特征高祥生摄于2012年8月

叶卡捷琳娜宫（一）　壮硕的力士雕刻与建筑的结构是分开的　高祥生摄于2012年8月

叶卡捷琳娜宫中镜厅　室内墙面中设二层窗户，"提升"了镜厅的高度　高祥生摄于2012年8月

圣彼得堡冬宫室内　墙面中的装饰构件都具有巴洛克的特征　高祥生摄于 2012 年 8 月

维也纳金色大厅入口　顶面中的图案富丽堂皇，呈现出巴洛克装饰的特点　高祥生摄于 2017 年 5 月

3. 意大利的巴洛克建筑

巴洛克的建筑设计、城市设计、雕刻艺术、装饰艺术都有共同的理念，但也有不同的特征。有些设计中古典柱式的成分多些，有些设计中现代构成的成分多些，其形态有的色彩绚丽，有的形体奇特，有的端庄规正。总之巴洛克建筑在不同国家受时代精神、民族文化的影响，呈现出各自的形态特征。

毫无疑问巴洛克艺术发源于 16 世纪至 17 世纪的罗马。正如清华大学著名教授陈志华先生在《外国建筑史》一书中阐述：

"……1545 至 1563 年在特伦特召开了旷日持久的主教大会。会上天主教获得大胜，决意恢复中世纪的信仰。" "从 16 世纪末到 17 世纪，在罗马掀起了一个新的建筑高潮，兴建了大量中小型教堂、城市广场和花园别墅。它们有新的、鲜明的特征，开始了建筑史上的新时期，即巴洛克时期。" "巴洛克现象十分复杂，众说纷纭，毁誉交加。"

罗马特雷维喷泉　高祥生摄于 2000 年 8 月

只要介绍巴洛克建筑，就无法绕开当时的一些著名雕刻艺术家，在 16、17 世纪意大利的雕刻家可谓群星璀璨，包括乔凡尼·洛伦茨·贝尔尼尼（Gian Lorenzo Bernini）、巴尔托洛梅奥·阿曼纳蒂、尼科拉·萨尔维，而最杰出的巴洛克艺术家应是贝尔尼尼。

贝尔尼尼是一位杰出的雕刻家、建筑师、城市规划师、画家、戏剧家。他多才多艺，技艺超群，对 17 世纪罗马巴洛克艺术风格的形成起到了引领和示范作用。贝尔尼尼一生创作了诸多不朽的雕刻和建筑作品，如罗马纳沃纳广场《四河》喷泉、罗马西班牙广场的《破船》喷泉、罗马巴贝里尼广场的《特里同》喷泉和柯尔纳罗小礼拜堂中的雕刻《圣特雷萨的沉迷》。另外贝尔尼尼设计的圣彼得大教堂广场是他在城市设计中的杰作：由柱廊围合的大教堂广场为椭圆形，开敞的平面既解决了横向平面过宽的问题，又解决了人流不畅通的问题。圣彼得大教堂广场中心耸立的方尖碑，处于教堂建筑群的中心，向广场南沿方向延展了广场空间的序列，形成了平面外向的特点，开创了城市广场设计中巴洛克风格的先河。

罗马纳沃纳广场的《四河》喷泉　高祥生摄于 2000 年 8 月

罗马圣彼得大教堂广场上的方尖碑　高祥生摄于 2000 年 8 月

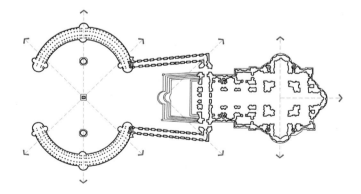

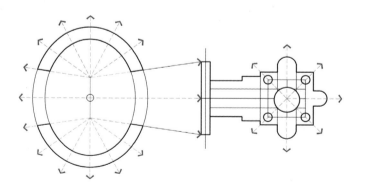

罗马圣彼得大教堂广场平面图　表示巴洛克建筑的平面设计　高祥生工作室依据诺伯格—舒尔茨的《巴洛克建筑》中插图重新绘制

罗马圣彼得大教堂广场平面示意图　巴洛克建筑的平面示意图　高祥生工作室依据诺伯格—舒尔茨的《巴洛克建筑》中插图重新绘制

罗马圣彼得大教堂　高祥生摄于 2000 年 8 月

罗马圣彼得大教堂室内　高祥生摄于 2000 年 8 月

　　我认为罗马圣彼得大教堂的建筑立面造型，已有了巴洛克样式的雏形，但整体感觉以及山花、柱身、柱头、檐部与古典主义的样式差别不大。

　　大教堂的室内雕刻、绘画都有独立的主题和形象，出现了

4. 法国的巴洛克建筑

　　17 世纪以后欧洲的文化中心逐渐从意大利向法国转移。与此同时，巴洛克建筑样式也开始影响法国。但由于法国的建筑设计受君主集权理念主导下的古典主义建筑理念影响很深，巴洛克建筑样式在法国的推行举步维艰。而且巴洛克作为一种新的设计思潮，与旧的传统的设计理念必然发生抗争。在这种抗争中，巴洛克建筑的样式被折中、被消解了。在那时的法国建筑中我很少找到纯粹的巴洛克建筑的案例，但在诸多建筑中又可以窥视到巴洛克样式的影子。

巴洛克艺术的特点。这大概就是一种流派在初创时总会在传统的形式中逐渐演变。

　　从罗马开始出现的巴洛克风格，逐渐向法国，向奥地利、匈牙利、西班牙，乃至一些被西方殖民的国家推行。

　　（1）巴黎歌剧院

　　巴黎歌剧院虽然是折中主义的建筑，但在这幢折中主义的建筑立面元素中渗透了诸多巴洛克的元素。在歌剧院的外立面中，柱子是双柱的，檐部、窗框有许多镏金的花饰，特别是立面中的"牛眼窗"。建筑的立面是华丽的、壮观的。歌剧院的室内装饰，虽然有古典风格，有洛可可风格，甚至还有后现代样式的做法，但在几个最重要的空间中，出现了双柱、四柱、叠柱，以及张扬的雕刻、华丽的花饰，这些都是典型的巴洛克建筑元素。所有这些都说明巴黎歌剧院的折中主义风格中已充斥了大量的巴洛克元素。

巴黎歌剧院室内　装饰体现了张扬、奢华的气息　高祥生摄于 2018 年 6 月

巴黎卢浮宫室内　画廊的顶棚和地面装饰都是很张扬的　高祥生摄于 2018 年
6 月

（2）卢浮宫

提起法国的巴洛克建筑，我们无法回避巴黎的另外两幢最著名的建筑：一是卢浮宫，二是凡尔赛宫。尽管，有些教科书中说卢浮宫和凡尔赛宫的风格是法国绝对君权理念主导下的古典主义建筑风格。我认为这种说法虽有一定的事实依据，但不是事实的全部。我曾多次去过卢浮宫，用自己的眼睛观察，用自己的认识判断：卢浮宫的建筑立面样式是以古典主义建筑的样式为主体混搭了巴洛克的元素形成的结果。究其原因：一是根据舒尔茨的《巴洛克建筑》一书知道，在卢浮宫建造设计之初，虽然路易十四请意大利著名的巴洛克大师贝尔尼尼设计过建筑方案，但法国的建筑师在一轮轮的会议中，对贝尔尼尼的方案作了一次次的修正，一次次消解了贝尔尼尼作品中的巴洛克元素，增加了古典建筑的元素。二是卢浮宫的建造是一个漫长的过程，在这个过程中参与设计的人员众多，众多的人员也留下了众多的意见、方案样式（参见清华大学陈志华先生《外国建筑史》）。现在我们见到的卢浮宫的建筑立面还是留下一些巴洛克风格的痕迹。我们不妨看一看卢浮宫的东入口，其立面是古典建筑中"三段式"模式，柱头、花瓣、拱心圈是金色的，窗洞上大多的花瓣也是金色的；主要的立面是双柱，立面上的人像雕塑是强健的，有的立面还点缀着"牛眼窗"……这些元素都是在巴洛克建筑中常常见到的，但总体感觉卢浮宫的建筑装饰中还是古典主义的元素多些。

卢浮宫的建筑面积庞大，室内金碧辉煌，但其中最令人眼花缭乱的还是艺术藏品。卢浮宫有近 200 个展厅，最大的展厅长近 300 米，各个展厅都是金光闪闪。卢浮宫最珍贵、最有价值的是 40 多万件艺术珍品，这是来自世界各国的稀世珍宝。毫无疑问这也是巨大财富，而炫耀财富也是巴洛克的重要特征。

巴黎卢浮宫　东入口立面设计是古典主义样式混搭巴洛克元素　高祥生摄于
2018 年 6 月

巴黎卢浮宫画廊尽头　高祥生摄于 2018 年 6 月

（3）凡尔赛宫

凡尔赛宫与卢浮宫都是法国最著名的宫殿，它们都是以古典建筑样式为主体，并渗透巴洛克艺术元素的建筑。

从建筑的外立面观看凡尔赛宫的巴洛克元素似乎比卢浮宫更多一些，立面上的入口、山花做了装饰性的强调，连续的"牛眼窗"上下左右都有镏金的花饰，建筑上的女儿墙也镶有精美的镏金花饰。立面上的雕像与主体结构大都是可以分离的……凡尔赛宫建筑立面虽然也是古典主义的"三段式"，但其中有大量装饰构件，我认为与表现建筑的尊贵、华丽、奢侈有关。也许正是由于这个原因，西方诸多宫殿建筑样式中必然或多或少都具有巴洛克的风格元素。

凡尔赛宫的室内显然是极其奢华的，它富丽堂皇、晶莹剔透，这里有镏金的花饰，有贵重的画像，有布置在各大厅的陈设。特别是 300 米长的镜厅，一边是高大的玻璃窗，另一边是整片的玻璃镜面，两侧都排立了镏金的人像灯柱，游览的人群川流不息。多数大厅顶棚都悬挂着硕大的水晶吊灯，即使是白天人们仍然能感觉到水晶吊灯的闪闪发光的魅力。多数顶棚都有大幅油画，多数立面还有镶贴了石材拼纹的花饰，挂置了贵重的人像画。墙面的前方有的还陈列了精美的家具……凡尔赛宫的装饰样式我说不清究竟是什么风格，有人说是巴洛克，也有人说是洛可可，我的感觉似乎都有，这是一种巴洛克与洛可可的混搭。这种混搭的形式应该是宫殿奢华装饰的特点，这种特点几乎在所有宫殿建筑的室内都可以找到。

巴黎凡尔赛宫的建筑立面　高祥生摄于 2018 年 6 月

巴黎凡尔赛宫镜厅（一）　高祥生摄于 2018 年 6 月

巴黎凡尔赛宫镜厅（二）　高祥生摄于 2018 年 6 月

巴黎凡尔赛宫室内（一）　高祥生摄于 2018 年 6 月

巴黎凡尔赛宫室内（二）　高祥生摄于 2018 年 6 月

5. 俄罗斯的巴洛克建筑

如果按专业内多数人认为的巴洛克建筑特征评价，我认为最符合这种建筑特征的，应该数俄罗斯的巴洛克建筑。这些建筑主要是位于圣彼得堡的冬宫、夏宫和叶卡捷琳娜宫。这些建筑似乎都比意大利、法国、奥地利、西班牙的巴洛克建筑更具有巴洛克的特点。

假如将一种流派的发展分为萌芽期、发展期和成熟期，那么是否可以认为16~17世纪在罗马出现的巴洛克艺术处于萌芽期，18世纪在法国、奥地利、匈牙利等地区出现的巴洛克艺术处于发展期，而19世纪俄罗斯向西方学习，根据俄罗斯民族的喜好、性格创造的巴洛克建筑，则是成熟期的巴洛克建筑艺术。因此，我也认为俄罗斯的巴洛克建筑更具有巴洛克典型特征。

俄罗斯的巴洛克建筑中，圣彼得堡的几幢宫殿最典型，它们是叶卡捷琳娜宫、夏宫、冬宫。这些建筑淋漓尽致地展现了巴洛克建筑的强悍而富丽的特点，也充分体现了俄罗斯民族的特点。同时人们也能感觉到宫殿装饰中巴洛克样式与洛可可样式混搭后，构成的奢华、壮丽的气氛。

（1）叶卡捷琳娜宫

叶卡捷琳娜宫是我见到的最具巴洛克造型元素的建筑。叶卡捷琳娜宫的外立面是浅湖蓝色的墙面，墙面上排立着高耸、细长的白色柱子，柱础是加高的，柱头是鎏金的，柱子分为两段，叠加在一起使柱子显得高耸、细长。叶卡捷琳娜宫的建筑主体分两层，上层墙面的窗户有两层，局部为三层，二、三层的窗应是镶贴镜面玻璃的假窗。窗户两侧的柱子挤压着窗户和窗间墙，如此设计，建筑的立面形态也被"拔高了"。窗户、门洞的四周镶嵌着各种鎏金的花饰，繁复而精致，尽显巴洛克的装饰特点。

上层立面上的花饰丰富，有花饰的柱式、形态奇特的山花，二层的立面显然比一般的建筑立面要高，将那种延伸扩张的感觉表现得淋漓尽致。而底层设立了一组鎏金的威武的大力士人像雕刻，雕刻与墙体是可以脱开的，不起承重作用，但人像雕刻又似乎将上层层层叠叠的窗户、林林总总的花饰都"托"住了。叶卡捷琳娜宫入口处有一段立面呈弧形内凹墙面，它的山花是断开的，支撑山花的是双柱，或者说是四柱。叶卡捷琳娜宫的建筑立面是精致的、恢宏的，是强健的、张扬的……这建筑的立面几乎具有巴洛克建筑的全部特征。

叶卡捷琳娜宫入口（一）　高祥生摄于2012年8月　　　　　叶卡捷琳娜宫入口（二）　高祥生摄于2012年8月

叶卡捷琳娜宫的宫内装饰奢华至极，二层镜厅墙面的装饰、门框、门楣、窗框都是鎏金的花饰，一层又一层由内向外扩张，致使门与窗、窗与窗、窗与顶棚间的墙面都布满了装饰，让人感到镜厅的墙面到处都是金光闪烁、晶莹剔透的。镜厅的顶棚绘有巨大的油画，挂着闪亮的水晶灯。巨大的油画覆盖了大厅的顶棚并向四周的墙体扩展，扩展到快要把墙体的边角撑破。

叶卡捷琳娜宫室内的底层少有鎏金镶银的装饰，但其精巧、奢华程度与镜厅相比毫不逊色。在这里，巨大的拱券、生动的雕刻、细腻的花饰都是乳白色的，在灯光的作用下产生了细腻、丰富的明暗变化。墙上精致壁灯产生的光晕弥漫出柔和的光影，使室内更加雅致、灵动。这是空间细部的美感，是一种极致又低调的奢华美。

叶卡捷琳娜宫底层立面　高祥生摄于 2012 年 8 月

叶卡捷琳娜宫中镜厅（一）　高祥生摄于 2012 年 8 月

叶卡捷琳娜宫中镜厅（二）　高祥生摄于 2012 年 8 月

俄罗斯夏宫左侧花园水景的入口　高祥生摄于 2012 年 8 月

俄罗斯夏宫　高祥生摄于 2012 年 8 月

（2）夏宫

夏宫左侧花园水景的入口处有断裂山花的门廊，门廊由双柱相拥，感觉雄浑有力。

夏宫分上花园和下花园，宫殿的两翼屋顶都是鎏金的穹顶，有拜占庭式的"洋葱头"顶的样子，"洋葱头"的边部镶满精美的花饰。夏宫上花园喷泉景观的入口在门廊的右侧。

我去参观夏宫的时候，夏宫的室内暂不开放，所以我未能赏析夏宫的室内装饰，只能叙述我对夏宫建筑外观和环境的观感。

夏宫宫殿坐落在一块坡地上，坡地有两大平台，宫殿朝向芬兰湾。平台上有 150 座喷泉和 250 多尊鎏金力士雕像以及层层叠叠的台阶组成的梯级瀑布。喷泉的泉水形成两层瀑布和一个椭圆形的大水池，水池的中央有喷泉群，中间是最高最大的喷泉，喷泉的出水处簇拥着力士与雄狮搏斗的雕像。喷泉定时喷涌，显得极为恢宏壮观。假如我们将夏宫上花园平面和意大利圣彼得大教堂广场平面对照一下，就能感觉到二者有相似之处，至少是神似的。虽然我不认为夏宫上花园的平面和圣彼得大教堂广场平面是一样的，但就两者的平面规制都有伸展，感觉其内涵是一致的。

夏宫的花园前有一块横向的椭圆形水池，椭圆形的水池中央有高高喷涌的水柱，其形态、形制都与圣彼得大教堂广场上方的方尖碑相似。水池的外围有柱廊，这也与圣彼得大教堂广场周边的设计相似。水池的开口处有一段宽敞的水渠，水渠很长、很宽，它伸向芬兰湾，伸向远方，水渠两侧是对称设立的花钵状的喷泉池。夏宫上花园是壮观的、富丽的、舒展的，令所有到访者都可领略到建筑和景观的博大和张力，感受到建筑、景观中的巴洛克特质。

俄罗斯夏宫花园（一）　高祥生摄于 2012 年 8 月

俄罗斯夏宫花园（二）　高祥生摄于 2012 年 8 月

俄罗斯夏宫花园水渠　高祥生摄于 2012 年 8 月

（3）冬宫

　　冬宫的外立面和叶卡捷琳娜宫的外立面有相似之处，都是浅湖蓝色墙面、白色的柱子和金色的柱头，都是两层建筑，每一层都是重叠的窗户，窗框四周都是鎏金的装饰，都是窄窄的开间，入口处也都是双柱，以强调入口立面的凸显感……这些做法正是巴洛克建筑样式的特点。当然与叶卡捷琳娜宫的外立面相比，冬宫的外立面没有那么富丽和张扬。

俄罗斯冬宫　高祥生摄于 2012 年 8 月

俄罗斯冬宫的底层　高祥生摄于 2012 年 8 月

俄罗斯冬宫的室内（一）　高祥生摄于 2012 年 8 月

俄罗斯冬宫的室内（二）　高祥生摄于 2012 年 8 月

冬宫的宫内装饰与叶卡捷琳娜宫的宫内装饰有很多相似之处，也有诸多不同之处。冬宫的大厅中的双柱，显然具有巴洛克的特征，它雄壮、有力度、有扩张感。宫内有各色大理石、石英石、碧玉镶嵌和鎏金镶铜的装饰，还有各种形式的雕塑、壁画、绣帷，特别是有珍贵无比的藏品。

作为世界四大博物馆之一的冬宫，给我印象很深刻的是其内部的工艺品。冬宫有著名的三大工艺品，分别是：尽展巴洛克风格的雕刻、曲线和仿窗的壁镜以及金箔装饰的具有震撼视觉冲击力的约旦楼梯，拥有夸张的鹿角和优雅伸长的颈部的金制鹿形牌饰和以自然为主题的精美绝伦的孔雀钟。

另外冬宫中的藏画也是包括我在内的游客尤为关注的内容。冬宫有 1.5 万幅珍贵藏画，其中不乏达·芬奇、拉斐尔、伦勃朗、毕加索、莫奈、梵·高、提香、鲁本斯、雷诺阿等世界顶级画家的作品，仅此一项就尽显冬宫的富有和价值。

冬宫的底层没有鎏金镶银的装饰，在这里，敦实巨大的集群柱、层层叠加的乳白色拱券和浅黄色光带，既雄壮又有韵致，极有巴洛克样式的气势。

冬宫、叶卡捷琳娜宫的室内宫殿我都观赏过、分析过。我感觉这两个宫殿的装饰都是金碧辉煌、精妙绝伦、美轮美奂的。同时我也很难区分出哪些是巴洛克风格的，哪些是洛可可风格的，哪些是古典主义风格的。这种认识与我对法国凡尔赛宫和卢浮宫的装饰装修风格的认识是一样的。在我眼里，西方宫殿中的室内装饰装修如果不细细看几乎都差不多。在我看来冬宫、叶卡捷琳娜宫的宫殿室内装饰装修的区别主要是在功能和陈设物上。

威尼斯百合圣母教堂 立面中有诸多巴洛克的造型元素　高祥生摄于 2018 年 4 月

6. 巴洛克建筑风格与其他建筑风格的兼容

前面各章都讲到两个问题：

一是巴洛克建筑样式与其他西方传统建筑样式的建造方法和审美法则是一致的。

二是在区分巴洛克建筑或巴洛克城市规划设计的类别时，有许多形态是较难区分的。换句话说，巴洛克建筑的样式是可以与西方传统的或现代建筑样式混搭存在的。

前面提到的诸多建筑是这样，后续想到、提到的一些建筑也是这样。只是如果将各处建筑成篇、成章地介绍，恐本文会太冗长，故只以图例为主，辅必要的文字说明，也许已能说明问题。

围合威尼斯总督府内庭广场的建筑是古典主义与巴洛克样式的混搭　高祥生摄于 2018 年 4 月

（1）布拉格建筑、雕塑中的巴洛克样式

布拉格是一个历史悠久的城市，布拉格的老城广场上的建筑，查理大桥的样式、雕塑样式，足以说明这个观点。布拉格也是一个现代时尚的城市，在布拉格的城市建筑发展中，巴洛克的样式始终随行在城市建筑中。从布拉格新区的建筑样式，可以看出现代建筑和城市文化对历史的尊重，在此处可以看到哥特样式、古典样式与巴洛克样式的混搭。现代建筑中也常渗透着巴洛克的样式，并根据巴洛克的特点变化后与现代建筑有机地结合在一起。布拉格建筑中的巴洛克样式说明了城市历史的悠久、多元、包容。

布拉格老城广场和泰恩教堂有哥特风格与巴洛克风格的混搭　　高祥生摄于2017年8月

布拉格街道边的民用建筑的立面中渗透着巴洛克的样式特征　　高祥生摄于2017年8月

布拉格街道边的建筑具有巴洛克的建筑特征　　高祥生摄于2017年8月

布拉格老城市广场中扬·胡斯雕像后部的建筑都是巴洛克风格　　高祥生摄于2017年8月

布拉格十字军广场建筑有典型的巴洛克元素　高祥生摄于 2017 年 8 月

布拉格查理大桥上巴洛克风格的雕像　高祥生摄于 2017 年 8 月

萨尔茨堡具有巴洛克特征的楼宇　高祥生摄于 2017 年 8 月

萨尔茨堡米拉贝尔花园中的建筑、雕塑、围栏、草坪都具有巴洛克样式的特征　高祥生摄于 2017 年 8 月

（2）萨尔茨堡

奥地利的萨尔茨堡，被我誉为欧洲最美的城市。在萨尔茨堡的老城、新城及花园环境的设计中，我们都可以找到巴洛克建筑的样式，甚至可以说萨尔茨堡的建筑样式的基调风格就是巴洛克式的。

我在一些国家、地区游览时所见到的诸多西方传统建筑，或多或少地都掺杂着巴洛克的样式。同时，巴洛克建筑的核心就是想表达强大、无序、扩张的力量，而当建筑或环境设计中需要这些因素时，运用巴洛克理念和方法，未尝不是一种选择。

7. 中国的巴洛克建筑

巴洛克建筑的样式影响面很广,它不仅影响了西方国家,也影响了与西方文化基因完全不同的中国。中国的巴洛克建筑是零星的,是无序的,这大概是因为巴洛克建筑的"语境"与中国建筑的"语境"不同。我认为巴洛克建筑样式是从西方传统建筑中"脱胎"而来的,因此巴洛克建筑必然打上"西方建筑"的烙印。西方传统建筑的建筑材料是石材、混凝土,其审美是在对三维立体的形态感觉中总结产生的,而东方建筑的材料是砖木,审美的基本理念是建立在二维意象的理念上,两者有根本的区别。倘若东方人在不明白西方审美理论的情况下设计西方建筑,无疑只能是求其形似,仅是外轮廓的逼真。对此我们可以看一看南京国民政府海军司令部旧址和清末建造的"兵工厂"(现在的"1865 创意园"的门头),这大概是清末时期建造的"西洋建筑"。粗略一看,建筑中的门洞是拉高的,柱子是拉高的,有装饰的"边墙",有诸多"边饰"……似乎是"巴洛克"的,但立面上所有巴洛克都是平面感的,都是二维的,它缺少任何一种西方建筑都具备有进深的三维关系。所以我认为这种"巴洛克"就是表面的"巴洛克",骨子里还是中国的平面感。

南京国民政府海军司令部旧址　高祥生摄于 2022 年 3 月

南京"1865 创意园"门头　高祥生摄于 2022 年 4 月

北京圆明园遗址(一)　高祥生摄于 2008 年 5 月

北京圆明园遗址(二)　高祥生摄于 2008 年 5 月

当然巴洛克在中国也不尽如此，但现在能见到的只是残垣断壁。当我们把目光聚焦到圆明园的残余局部时，就能看到那些残留的壮实的柱式、拱券，特别是向外旋转的柱础等，都是巴洛克建筑的局部。虽然在圆明园我没看到过一幢完整的巴洛克建筑，但可以肯定，中国曾经有过地道的巴洛克建筑。

长久以来，对于巴洛克的建筑发展在建筑史论中的评价总是褒贬不一。但我们应站在历史唯物论的立场上客观辩证地看，巴洛克建筑的出现有其合理性和必然性，但也有片面性和局限性。从公元 3 世纪开始形成古典主义到公元 17 世纪，西方的建筑设计理论、城市设计理论都是遵循一种有序的、统一的原则，强调局部与整体统一、局部服众整体的法则。而巴洛克建筑设计、城市规划设计及其他艺术创作的理论和实践对传统的理论和实践进行了反叛，并在西方社会和专业实践中获得了较广泛的认可度。从建筑艺术发展的角度讲，这是一种适合时代发展的思潮。

巴洛克作为一种思潮涉及建筑设计、园林设计、绘画创作、雕刻创作、音乐创作、诗歌创作、戏剧创作等领域。我认为在诸领域所表现的形式都有相似特征，它强调艺术表现中的力量，强调表现元素的扩张，强调与主体语言的分离，强调形态组合中的无序等。

然而，巴洛克的所有主张和实践一旦走到极端的程度就不可避免地出现形式主义的倾向。

特别是巴洛克建筑虽然对改变传统建筑形式有积极的意义，但所有的附加装饰形体和扩张的、无功能的建筑形体设计都是与建筑应该满足功能要求的主流理论相悖的。并且巴洛克建筑主要适应西方传统的宫殿建筑和大型的观赏性建筑、纪念性建筑，并不适合面广量大的民生建筑。

在巴洛克的样式与洛可可的样式中都充斥着大量的装饰的因素，都有鎏金的花饰、雕刻等。在许多豪华的宫殿装饰形状中，其主要区别是一个"阳刚"，一个"柔弱"，在色彩上一个更多使用偏中性的暖色，一个更多使用偏中性的冷色。

我认为在西方宫殿的室内空间中较难区分巴洛克与洛可可的样式，是因为宫殿中的装饰主旨都是表现宫殿的奢华、富丽堂皇。而这两种风格都具有表现奢华感觉的能力，只是巴洛克装饰更适合大型的空间，而洛可可装饰适合表现较小的空间。

虽然巴洛克思潮的艺术创作观念是明确的，但是各国的巴洛克建筑样式都受到本土的文化及人文观念的影响，所以我们在谈论巴洛克建筑样式形成的因素时，务必考虑地域文化的因素。

无论怎么褒贬巴洛克艺术，它都是西方文化中的一种设计理念。它是西方文化艺术的重要组成部分，其影响是广泛而深远的。倘若没有巴洛克艺术的存在，西方的艺术形式必然会有所失色。

西方工业革命之前的各种建筑流派的本源是一致的，建造的材料是基本相同的，审美的观念都是共通的。其主要流派的样式都是在建筑原始形态上的增加或减少。它们与东方的建筑理论和实践结果是"两股道上跑的车"。

我并不提倡巴洛克，也并不提倡西化的建筑，只是想说明，我们曾有过这种艺术形式。我还是提倡弘扬本民族的优秀文化，因为中华民族优秀的建筑是世界建筑文化的另一高峰，在云开雾散时，这一高峰会让人更加仰慕。

六、现代主义建筑的理论与实践

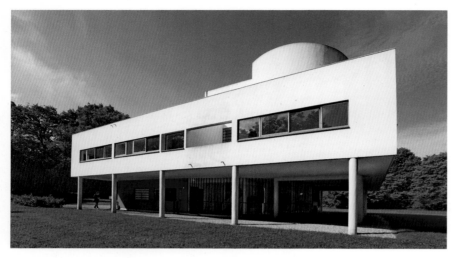

巴黎郊区萨伏伊别墅（一）　高祥生摄于 2018 年 6 月

巴黎郊区萨伏伊别墅（二）　高祥生摄于 2018 年 6 月

巴黎郊区萨伏伊别墅室内　高祥生摄于 2018 年 6 月

1. 现代主义建筑及理论

20 世纪 20 年代欧洲国家出现了现代主义建筑及其理论。现代主义建筑有 4 位大师，分别是：瓦尔特·格罗皮乌斯、勒·柯布西耶、密斯·凡·德·罗、弗兰克·劳埃德·赖特。现代主义建筑曾被称为功能主义建筑、理性主义建筑，近年又被称为现代主义建筑。

现代主义建筑大师的设计观点和主要作品分别如下：

（1）瓦尔特·格罗皮乌斯

他反对回归传统的建筑设计，主张用工业化的建造方式解决住房问题，在建筑设计中强调功能和经济的重要因素，并力推新的创作语汇和方法。

瓦尔特·格罗皮乌斯的主要建筑作品有：德国包豪斯学院的建筑，包括教学用房、生活用房、职工用房，德国包豪斯工厂展厅、卖品部。

（2）勒·柯布西耶

他强烈反对 19 世纪以来复古主义、折中主义的建筑风格和建筑设计，力主创造新时代的建筑，并提出了住宅设计的五个规则：①底层以独立支柱架空，多做车库用（房屋主要使用部分在二层以上，下面全部或部分架空，留出独立支柱）；②屋顶设花园；③自由的平面布置；④多设横向长窗；⑤自由的立面形式。

勒·柯布西耶的主要建筑作品有：巴黎郊区萨伏伊别墅、巴黎瑞士学生宿舍、索恩朗香教堂、马赛公寓、日内瓦国际联盟总部。

伊利诺伊理工学院克朗楼　高祥生摄于 2016 年 8 月

伊利诺伊理工学院克朗楼后门　高祥生摄于 2016 年 8 月

伊利诺伊理工学院图书馆　高祥生摄于 2016 年 8 月

帕拉诺范斯沃斯住宅的环境　高祥生摄于 2016 年 8 月

（3）密斯·凡·德·罗

他的建筑风格是建筑立面以钢框为连接件，创造出一个极为简洁的外形特征，以灵活多变的平面形式构成流动的空间。密斯·凡·德·罗的著名理论有"少就是多"。主要建筑作品有：

巴塞罗那世界博览会的德国馆、帕拉诺的范斯沃斯住宅、纽约的西格拉姆大厦、布尔诺的图根哈特住宅、芝加哥的滨湖公寓、柏林的德国国家美术馆新馆。

匹兹堡市东南郊熊跑溪的流水别墅（一）　高祥生摄于 2016 年 8 月

（4）弗兰克·劳埃德·赖特

他提出草原式住宅的理论和模式，即主张将住宅建在草地上。大多建筑的平面呈十字形，增加室内外的联系，立面设有连窗，外观高低错落，屋顶悬挑。其建筑适合中产阶级家庭。

弗兰克·劳埃德·赖特建筑设计的主要建筑作品有：匹兹堡市的流水别墅、芝加哥的橡树园自宅、芝加哥罗比住宅、纽约拉金大楼、纽约古根海姆博物馆、东京帝国饭店。

匹兹堡市东南郊熊跑溪的流水别墅（二）　　　高祥生摄于 2016 年 8 月

匹兹堡市东南郊熊跑溪的流水别墅（三）　　　高祥生摄于 2016 年 8 月

虽然现代主义建筑大师的设计理念略有不同，但总体上都遵循下列设计原则：a 主张采取自由的建筑平面和建筑造型；b 应用新型的建筑材料和建筑结构，住宅建筑惯用框架结构，底层架空，屋顶设花园；c 运用大面积玻璃，且擅做横向条形玻璃窗；d 现代主义建筑注意建筑的功能设计、反对表面的装饰。

现代主义建筑大师的设计已影响了我国大多数建筑设计师的设计数十年，且我认为现代主义建筑的大多数原则现在仍符合我国的国情，可以继续借鉴。

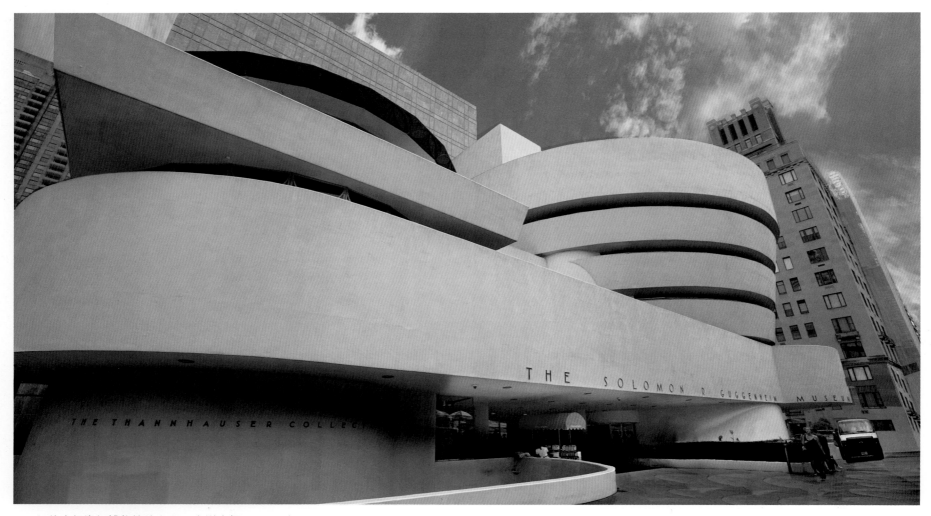

纽约古根海姆博物馆外立面　高祥生摄于 2016 年 8 月

纽约古根海姆博物馆　高祥生摄于 2016 年 8 月

芝加哥罗比住宅　高祥生摄于 2016 年 8 月

2. 现代主义建筑与包豪斯学院

关注工业设计发展的人，都会知道现代主义建筑 4 位大师中有 3 位都与包豪斯学院有密切关系。在德国魏玛的包豪斯学院，有教室、校舍，还有教员在校区周围为自己建造的别墅。

包豪斯学院的办学模式、教学思想、教学方法对当今中国与设计有关专业的教学模式、教学方法的改革具有重要的参考价值。

德绍包豪斯学院　高祥生摄于 2017 年 8 月

包豪斯学院的教学具有下列特点：一是注重实用要求；二是注意新材料、新结构、新技术的运用；三是强调建筑造型的简洁和平面构图的灵活多样；四是建筑材料的生产、建筑物的建造便于工厂的生产。综观现代主义建筑的设计观点，和包豪斯学院的教学似乎是如出一辙。

当今中国的设计教育、教学，可以从包豪斯学院办学模式、教学方法中借鉴经验、吸取营养，进而为发展我国设计教育、教学事业作出应有的贡献。

德绍包豪斯工厂过桥　高祥生摄于 2017 年 8 月

德绍包豪斯工厂卖品店　高祥生摄于 2017 年 8 月

3. 我对现代主义建筑的认识

现代主义建筑是伴随20世纪初中产阶级的兴起和新材料、新技术的产生而诞生的。可以说，它是 20 世纪工业革命的产物。倘若没有混凝土、没有钢材、没有大玻璃，现代主义的建筑也只是一纸空谈。同时，新的中产阶层产生的新的思想意识也是导致新的生活形态产生的根本因素，在此基础上产生新的生活空间、工作空间和建筑造型也是顺理成章的事。

现代主义建筑的设计理念对中国当今的城市建设具有实际的参考作用。现代主义建筑重功能，讲经济，提倡简约形态，这与我国现阶段倡导的建筑设计方针有许多相似之处。现代主义倡导的标准化、模块化，与我国提倡的工业化建造模式有许多不约而同之处。现代主义建筑对当今建筑批量化、产业化具有很好的借鉴作用。

因为受到时代的局限，现代主义建筑的部分理论也有欠妥之处。现代主义建筑设计大师所主张的设计理念或方法，也有走到了极端的现象，具有负面的作用。如阿道夫·路斯提出"装饰就是罪恶"，密斯·凡·德·罗提出的"少就是多"，是不能满足人性化设计要求的，在这种理论指导下产生了一些负面的设计作品，譬如包豪斯学院的康定斯基别墅，由于过分强调简洁，感觉很清冷，建成后，又增加了色彩和陈设，从而使空间显得有活力。

斯图加特魏森霍夫住宅群（一）　高祥生摄于 2017 年 8 月

又譬如另外近 20 位现代主义建筑设计师在德国斯图加特搞了一次魏森霍夫住宅展，住宅展是在密斯·凡·德·罗和勒·柯布西耶的组织下进行。建筑的造型很现代，一组白色的别墅，错落有致，像巨大的现代雕塑群。落成后的住宅室内空间灵动，光线充足。但作为商品房，由于过分简洁，缺乏生活感，导致有些别墅难以出售。

还有譬如密斯·凡·德·罗设计的"范斯沃斯别墅"，给业主使用带来诸多不便。这就是现代主义建筑的弊端。

还有赖特在草原式建筑理论指导下设计的流水别墅，从外部观赏富有诗情画意，但如果生活在别墅内，山溪、流水产生的吵闹声定会让人心生厌烦，加上建筑结构牵强，选址苛求，实际上难以适合大多数民众的生活需求，因此这种"中看不中用"的建筑也招致众多非议。

斯图加特魏森霍夫住宅群（二）　高祥生摄于 2017 年 8 月

斯图加特魏森霍夫住宅群（三）　高祥生摄于 2017 年 8 月

斯图加特魏森霍夫住宅群（四）　高祥生摄于 2017 年 8 月

我认为虽然现代主义建筑有些不尽人意的地方，但是它对 20 世纪世界工业化建筑的解决，对人类的居住问题的解决，对扩大发展现代主义建筑、发展现代工业产品、发展现代艺术设计教育在理论上、实践上都起到了划时代的作用。尽管现代主义建筑从理论到实践都存在着这样那样的问题，但它的问题是任何一个学派发展过程中都会存在的。尽管我历数了现代主义建筑中种种不是，但我仍认为现代主义建筑中倡导新技术、应用新材料、采用新结构、重视功能，注重形态简洁、注意产业化等理念对我国设计实践和设计教育理念的完善都起到很大作用。其强调建筑教育、教学与实际工程相结合，理论与实践相结合的理念，都是我国建筑设计和建筑教育应该认真学习和提倡的。

我也认为，现代主义建筑的设计理论大都适合我国国情，对我国建筑设计界、工业设计界、建筑教学界都有重要的借鉴意义。所以，我主张学习现代主义建筑设计和建筑教育、教学的一系列理论。现代主义建筑是我国建筑设计和建筑教育、教学的瑰宝。瑰宝不一定纯洁无瑕，但必然闪闪发光、价值连城。现代主义建筑在世界建筑史、艺术设计史上所起的巨大作用将永远载入史册。

七、后现代建筑的流行

1. 罗伯特·文丘里与后现代主义的理论

　　20 世纪 80 年代，我国建筑界、建筑装饰界开始流行后现代建筑。

　　最早提出后现代主义建筑理论的是美国建筑设计师罗伯特·文丘里（Robert Venturi）。他对后现代主义建筑的产生、发展都作出过系统的阐述。可以说，没有文丘里就不会有 20 世纪产生的后现代主义建筑。

　　文丘里针对现代主义建筑大师密斯·凡·德·罗的"少就是多"（"less is more"）的观点，提出"少则厌烦"（"less is a bore"）的看法，主张用历史建筑因素和通俗文化元素来赋予现代建筑以审美性和娱乐性。他认为："密斯优美的展览馆对建筑具有很高的价值和深刻的涵义，但他选择的内容和表达的语言，虽强而有力，仍不免有其局限。……简化的结果是产生大批平淡的建筑，使人厌烦。能深刻有力地满足人们心灵的简练的美，都来自内在的复杂性。"他在他的重要著作《建筑的复杂性和矛盾性》中提出后现代主义的理论原则，而在《向拉斯维加斯学习》中又进一步强调了后现代主义作品中对戏谑成分和通俗文化的褒扬态度。

　　在继承与创新上，文丘里提倡的是前者，而对革新持鄙视的态度。文丘里提出了保持传统的做法："利用传统部件和适当引进新的部件组成独特的总体"，"通过非传统的方法组合传统部件"。文丘里认为可用非传统的、异化的手法应用古希腊、中世纪、文艺复兴、巴洛克以及古埃及、古代印度等等传统建筑的片断或部件，并将其同各种现代的片断或部件进行拼接。这是后现代主义建筑创作的基本特征之一。

拉斯维加斯巴黎酒店　高祥生摄于 2016 年 8 月

文丘里认为建筑就是要装饰。他提出："建筑是带有象征标志的遮蔽物。或者说，建筑是带上装饰的遮蔽物。"他还强调，这装饰应该是"附加上去的，而不是结合在一起的，是机巧的而不必是正确的，创造的而非通用的"。文丘里认为建筑的装饰外表可以不与内部空间发生关系，同一平面可以有不同的立面，正因为有了装饰才使建筑有个性，有象征，才能不同于一般的构筑物。他说，一座房屋"门面可以是古典的，里面可以是现代派的或哥特式的；外部是后现代的，里面可以是塞尔维亚—克罗地亚式的"，并认为这种观点和举措在旧建筑的更新与内外重新装饰中是切实可行的。

另外，文丘里赞美民间低级的酒吧间和戏院，认为大街上的东西有"既旧又新、既平庸又生动的丰富意义"。此观点在他的《向拉斯维加斯学习》一书里被进一步阐明。文丘里提出美国赌城拉斯维加斯的价值可与罗马媲美。他赞赏美国商业城市中的霓虹灯、广告牌、麦当劳餐馆、汉堡包商亭等，并认为商业性的标志、象征、装饰有很高的价值。他认为它们反映了群众的喜好。他呼吁建筑师要同群众对话，并向拉斯维加斯学习，接受群众的兴趣和价值观。

另外文丘里还主张要创作不和谐的建筑形象，提出"不要排斥异端"，要"用不一般的方式和意外的观点看一般的东西"，"允许在设计上和形式上的不完善"。他还主张，可以用所谓的"电休克疗法"，并推荐了一系列具体手法，其中包括"不分主次的二元并列"，使用"不同比例和尺度的东西"，用"对立的和不相容的建筑元件"堆砌、重叠和"毗邻"以及"室内和室外脱开"。随后他又提出了在形体设计上残损、旋转、膨胀、解构等手法。

他在《向拉斯维加斯学习》中延续了《建筑复杂性与矛盾性》强调历史意识和对传统要素批判性的探索，提出了"一座建筑物不应当成为建筑师表达概念的工具"的观点，并在工程实践中予以佐证。

2. 后现代流行的主要设计师

费城母亲之家（一） 高祥生摄于 2016 年 8 月

费城母亲之家（二） 高祥生摄于 2016 年 8 月

要进一步了解后现代的建筑设计思想和特点，还是从介绍有关建筑设计师和相关作品开始入手，更为直观、具体。

（1）罗伯特·文丘里

罗伯特·文丘里 1925 年出生于美国费城，如前所述他是现代主义设计理论的创始人，没有他，就不会有 20 世纪的后现代主义。他在费城上大学期间就提出了与现代主义建筑理论相悖的观点。后来他一直作为后现代主义建筑理论的一面旗帜，影响了一大批建筑设计师、工业产品设计师……

文丘里设计的建筑总是与社会、历史、文化、生活相关。他的设计灵感源于历史文化，他所设计的建筑强调既有历史文化表述，又与当地社会环境相连。他提出建筑师要同群众对话，并认为要向拉斯维加斯学习。他以 logo 和符号为装饰，运用简单的几何图形，并将其融入他的设计中……

我感到文丘里的后现代设计理论中、建筑设计中无疑是有积极的、可取的因素，但同其他流派一样，当将其强调到一种极端程度并成为一种流派，成为一种主义，必然会出现教条主义、形式主义的倾向。

罗伯特·文丘里的代表作品：费城母亲之家、费城富兰克林中心广场、伦敦国家美术馆圣斯布里厅、印第安纳州哥伦布消防队四号大楼。

上海喜马拉雅中心　高祥生摄于 2015 年 11 月

（2）矶崎新

矶崎新，日本著名建筑师、城市规划师与建筑理论家。他是一位建筑精神的探索者和思想者，并且是一位极有艺术天赋的艺术家。他设计的建筑物大都融合理性的现代主义结构、典雅的古典主义布局和装饰，又兼有东方的细腻构件和装饰特色。他被认为是亚洲建筑设计师的重要代表。

矶崎新的建筑采用了强调水平钢筋混凝土部件表现力的手法，他试图通过综合美学来取代现代建筑的各种原则。这种综合美学，要求放弃正统现代派的要求。他的建筑设计强调了分散化、不和谐性、支架的间离化，以及基于广泛使用与隐喻相关的构件的参差组合之下的编排。

矶崎新的代表作有：九州岛大分县立图书馆、上海喜玛拉雅中心。

（3）原广司

原广司，1936 年生于神奈川县，毕业于东京大学工学部建筑系，并于东京大学研究所建筑系获取博士学位。历任东洋大学助教、东京大学生产技术研究所助教，现为东京大学生产技术研究所教授。

原广司是日本后现代派的建筑师，在日本有较高的声誉，其作品田崎美术馆荣获 1987 年度日本建筑学会学会奖。在 20 世纪 60 年代，原广司被认为是日本 3 名最有前途的年轻建筑师之一。原广司致力于探寻居住建筑上新的表现，在探寻中，原广司尝试以理性的方法来改变现代主义建筑的原理，尤其是共同性质的空间观念。原广司在设计中注重对建筑文化的表现。到了 90 年代，原广司甚至产生了"地球外建筑"的新观点。

原广司的代表作有：大阪梅田蓝天大厦，东京伊藤邸。

大阪梅田蓝天大厦（一）　高祥生摄于 2016 年 6 月

大阪梅田蓝天大厦（二）　高祥生摄于 2016 年 6 月

大阪梅田蓝天大厦室内　高祥生摄于 2016 年 6 月

东京代代木国立竞技场（一） 高祥生摄于 2016 年 10 月

东京代代木国立竞技场（二） 高祥生摄于 2016 年 10 月

（4）丹下健三

丹下健三，日本著名建筑师，曾获得普利兹克建筑奖。1964年东京奥运会主会场——代代木国立竞技场，是丹下健三结构表现主义时期的巅峰之作，他将材料、功能、结构、比例，乃至历史观高度统一。他曾赢得"日本当代建筑界第一人"的赞誉。丹下健三认为："作为表现工业化社会的现代建筑事实上已经结束……现在是探索的时期。"并且，他还认为："目前从现代建筑向下一个阶段前进时，探索期是必要的。"

丹下健三的代表作品：东京代代木国立竞技场、东京都新市政厅、东京都厅舍、国立广岛追悼原子弹死难者和平纪念馆。

东京都新市政厅（一）　高祥生摄于2016年10月

东京都新市政厅（二）　高祥生摄于2016年10月

东京都新市政厅（三）　高祥生摄于2016年10月

3. 后现代建筑在中国

后现代建筑在 20 世纪也曾在中国风靡一时。它是在 20 世纪 60 年代末在我国开始兴起，经 70 年代发展至 80 年代中期兴盛；到 90 年代逐渐衰落。而后现代建筑在中国出现后又以表现中国文化的特征别具风韵。中国的后现代建筑大多结合了中国的建筑文化，采取简化、抽象中国的传统建筑的形态、建筑构件等方法，与现代建筑的形态、建筑装饰整合。代表作如江宁织造博物馆大楼、东南大学榴园宾馆、南京的梅园新村。

后现代主义在中国的室内设计中也曾扮演过重要的角色。例如二十世纪八九十年代，在中国江南地区、西北地区出现的一批室内设计师，将中国传统建筑中不同部位的构件组合在同一空间。

南京雨花台烈士纪念馆　高祥生摄于 2019 年 10 月

随着 20 世纪 70 年代末的改革开放，现代建筑作为西方现代文明的象征受到中国建筑师的仰慕。在引进西方现代建筑的过程中，我国曾邀请美籍华裔现代建筑大师贝聿铭设计香山饭店。香山饭店不仅具有鲜明的中华民族气息，还具有时代特色。它以这种现代化与民族化并置的双重性标志着后现代建筑登上了中国的建筑舞台。后现代主义作为多元社会的重要理论观点，于二十世纪六七十年代在英、美、意等西方发达国家相继兴起，后来发展成一股建筑思潮。后现代主义既是对现代主义的继承也是对现代主义的反叛，它促进了西方建筑界对现代主义的背离。后现代建筑曾以其对历史文化的兼容和对社会生活的关注，构成多元文化的设计理念和模式。

20 世纪 80 年代以来，后现代建筑似有在中国扎根的势头，各地也产生了大量受其影响的作品，其中不乏一批优秀的、真正意义上的后现代主义建筑作品。但在建筑市场看到更多的受后现代主义影响的建筑却是曾风行一时并且至今依然流行的"新西洋建筑"和"大屋顶"。一段时间里，各式各样的柱式、山花、檐口、线脚充斥在各类建筑里；而为了保持或发扬"民族特色"，各种大小建筑的屋顶上也都安上了小亭子。如果去掉这些片断、形式，则完全是一副现代主义建筑的面貌。

后现代建筑所提倡的多元折中与中庸兼容、大众化与民俗化、双重译码与雅俗共赏的对应关系等观点与中华民族的文化特质有很大程度上的契合，因此，它在中国被接纳是有适宜的文化土壤的，其在中国的发展有一定的潜质。例如南京雨花台烈士纪念馆的立面设计，虽然是一种中式现代的做法，但它的立面中有传统的符号与现代形体的组合，显然这些都具有后现代主义的特征。又例如南京江宁织造博物馆，简洁明快且富有现代气息的建筑顶部托着一座中国传统的亭子，而建筑入口的正中又嵌入一座方亭。在整个建筑的内庭中有碧水、石桥、假山，极具中国传统文化气息。而建筑上搁置的凉亭等都是后现代主义设计理念下的结晶。再例如南京鼓楼广场上的电信大楼是一座具有现代功能的高层建筑。屋顶上的造型，特别是大红拱门的设置与建筑主体的垂直造型似乎格格不入。很显然这种设计理论正是秉承后现代主义理论中的"二元并置"，以及"通过非传统的方法组合传统部件"的观点。

毋庸置疑，后现代建筑在诸多国家出现了一些优秀的设计作品，特别是那些具有文化内涵的纪念性建筑和标志性建筑，以其新颖的形式给人以美感和魅力。

南京江宁织造博物馆　高祥生摄于 2019 年 10 月

4. 后现代建筑中的短板

后现代建筑以具有历史文化的符号和地域生活的特征曾在中国建筑界流行一时。但后现代设计并没有改变现代主义建筑中实质的因素，它只是在现代主义设计上做一些视觉上的表面文章，或者说后现代的初衷是为现代主义设计做一些完善工作。至于后期的后现代主义越来越趋向于一些符号化的装饰。我们应该承认早期的后现代主义建筑有其积极作用，但后期的后现代主义逐渐发展成一种新的形式主义，脱离了建筑设计应遵循的基本原则。20 世纪 80 年代后期，后现代主义思潮开始降温，以至慢慢淡化。对于曾经引起建筑界广泛关注的后现代建筑，有其积极的一面，总的来说，后现代建筑弥补了现代建筑中文化和美感缺失的短板。但部分后现代建筑逐步远离后现代原有

的思想，有的甚至有玩弄起符号堆砌的倾向，片面追求一种时尚感。而且当部分后现代建筑的语言成为一种时尚符号时，它便自然地与商业娱乐行为结盟。

建筑是物质的，具有实用的功能，而且实用性将成为面广量大民用建筑的恒久标准之一。现代主义建筑强调标准化、系统性，对于因日益发达的建筑、交通和通信及越来越小的人类生存空间来说是一种有价值的设计方法，可以为操不同语言的、不同肤色的人们提供方便。规范化的有价值的设计应该成为一种世界语言，为人们带来便利。相对于现代主义设计坚实的思想基础和理性化的本质，后现代主义建筑关注的只是设计的形式内容等较为表象的问题，未能涉及建筑最重要的实用、安全、环保等本质问题，它在现代主义建筑面前相形见绌。它对人类生活和社会发展所起到的贡献，也是无法与现代主义建筑相比拟的。

八、城市建设中的"奢侈品"——解构主义建筑的特点

巴黎路易威登基金会艺术中心（一）　高祥生摄于 2018 年 6 月

法国巴黎 LV 艺术中心廊道　高祥生摄于 2018 年 6 月

巴黎路易威登基金会艺术中心（二）　高祥生摄于 2018 年 6 月

对于解构主义建筑，我国建筑设计师、装饰设计师，甚至稍有文化的人都不陌生。专门做解构主义的建筑设计师虽然人数不多，但其作品的影响面巨大。解构主义建筑多数以其体量巨大、形态新奇吸引人们的眼球。近年来社会上对解构主义的议论较多，褒贬不一。可以说现在人们对解构主义建筑的认识似乎是清楚的，又似乎是模糊的。我为了能清晰地认识解构主义的庐山真面目，近三四年我一直关注解构主义建筑的设计师和其作品的特点，至今算有了一些粗浅的认识，但要全面、准确地认识并说清楚解构主义建筑的特点还有一定的难度，就像要全面、准确地说清楚其他任何流派的特点一样。

1. 解构主义建筑的特质

我根据所掌握的信息归纳出解构主义建筑有以下十个特质：

一是散乱。避开古典建筑的明确轴线和平面的有序组合，形象上变化多端，追求形态的支离破碎、疏松零散，边缘犬牙交错。在形状、色彩、比例、尺度、动向的处理上极度自由，并与已有的建筑形式相悖。

二是残缺。有的局部特意追求残缺状、缺落状、破碎状、未完成状，力避完整，令人困惑，耐人寻味，力图表现建筑的残缺美。

三是突变。种种元素和各个局部的连接突然，形与形的连接生硬、牵强，空间与空间之间感觉无过渡，似风马牛不相及。

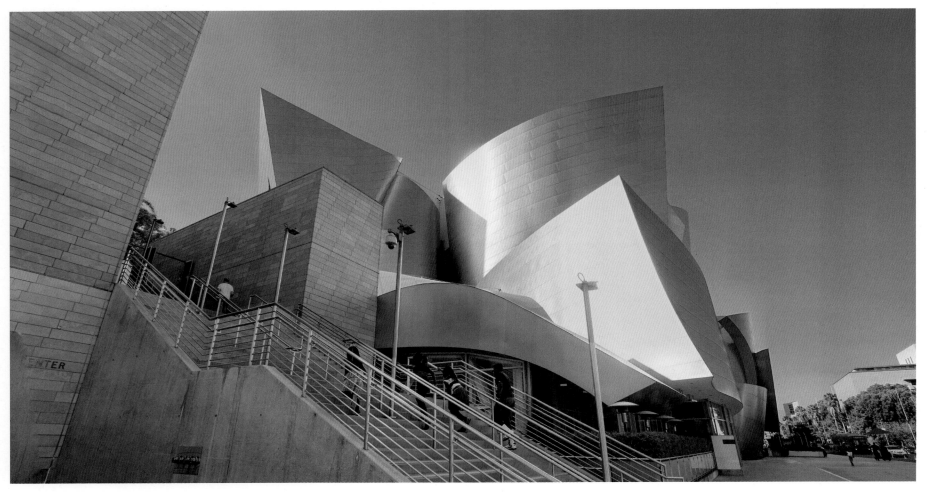

洛杉矶迪士尼音乐中心（一） 高祥生摄于 2016 年 8 月

四是动态。到处采用倾倒、扭转、弯曲、波浪形等富有动态的形体，使形体严重失稳、失重，好像即将滑动、滚动、错移、翻倾、堕落以至于产生似乎要坍塌的不安架势。

五是失稳。利用形体的倾倒和斜线的穿插对垂直线、平行线、中轴线进行拆解、破坏，使形体失稳。

六是扭曲。采用不规则的几何形状进行立面造型，形成特殊的曲线形体和各种变异的形状；运用建筑局部之间的重叠、交错、旋转或移位等方式进行新的空间构造。

七是模糊。故意延展建筑的规则边缘，模糊清晰的外观界限。

八是奇艳。在创作中力求标新立异，追求超越常理、常规、常法以至常情的设计，追求让人惊诧叫绝、叹为观止的形态。

洛杉矶迪士尼音乐中心（三）　高祥生摄于 2016 年 8 月

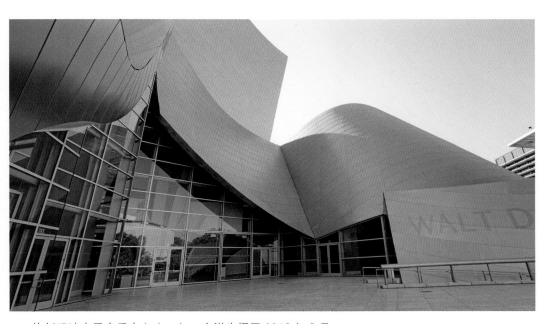

洛杉矶迪士尼音乐中心（二）　高祥生摄于 2016 年 8 月

洛杉矶迪士尼音乐中心（四）　高祥生摄于 2016 年 8 月

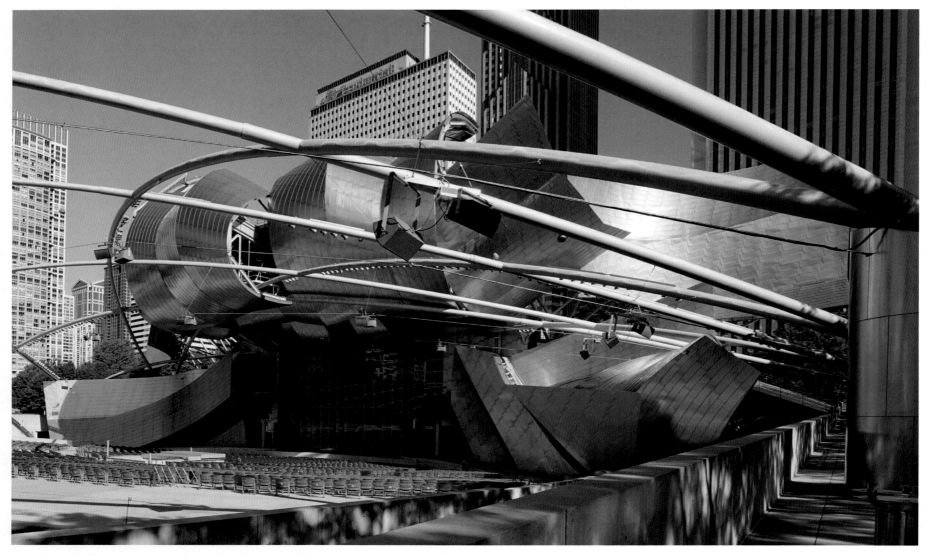

芝加哥千禧公园露天音乐广场（一）　高祥生摄于 2016 年 8 月

芝加哥千禧公园露天音乐广场（二）　高祥生摄于 2016 年 8 月

　　九是符号化。讲究从古典文化、历史传统和实践经验中提炼出具有象征性的符号，然后进行符号化的拼贴、寓意符号的穿插。

　　十是表现无意义、无目的。力求无权威，强调个体的，非中心的、变化的、不做预设的设计。有些解构主义建筑师甚至连完整的工程图也没有，仅仅以草图和模型来设计，并完全依靠电脑来归纳。

　　总之，解构主义的建筑设计与传统的、有序列的、有节制的建筑设计是相悖的。

2. 解构主义的主要建筑师及代表作

如果说解构主义建筑主要有这十个特点，那么最符合这十个特点的似乎是弗兰克·盖里的建筑。而就解构主义建筑的流派中的部分设计师而言，其理论和实践大都与上述十点标准不符。

弗兰克·盖里是加拿大人，早年到美国南加利福尼亚州大学学习。受到激进文化的影响，他常在建筑设计中使用断裂的几何图形以打破传统习俗。盖里的建筑作品中建筑形态极富张力。我曾特别关注盖里的建筑设计，参观过他的十多件作品。其作品普遍具有几个特征：一是大多数建筑的外部形态像是由一堆"随意"切块的金属瓜皮、瓜瓤，"随意"堆放在一起，因此，盖里的建筑较易识别。二是与其他解构主义建筑相比，盖里的作品体量很大，所以虽然有诸多异形的无序空间，但室内外的边角空间都可以利用。而盖里的小体量建筑，空间利用就很困难。三是盖里的建筑外形中擅用灰色的金属色，加上体量大的缘故，形态的视觉冲击力极强。四是能耗很大。

麻省理工学院斯塔特中心室内（一）　高祥生摄于 2016 年 8 月

麻省理工学院斯塔特中心室内（二）　高祥生摄于 2016 年 8 月

麻省理工学院斯塔特中心　高祥生摄于 2016 年 8 月

布拉格跳舞的房子（一） 高祥生摄于 2017 年 8 月

鹿特丹当代美术馆室内 高祥生摄于 2018 年 6 月

布拉格跳舞的房子（二） 高祥生摄于 2017 年 8 月

　　出生于荷兰鹿特丹的解构主义建筑设计师雷姆·库哈斯不爱谈创作理论，尤其不爱谈形式。库哈斯的创造思维完全处于自恋的状态——不管别人怎么看，他完全沉浸在自我陶醉的海洋中，他根本没有对传统的丝毫留恋。他的理论是不断变化的，他对另类的事物始终保持着不熄的热情、不衰的兴趣。库哈斯在伦敦创办了建筑事务所 OMA（大都会建筑事务所），后将总部迁回鹿特丹。他在鹿特丹设计过鹿特丹大厦、鹿特丹当代美术馆、米兰普拉达（Prada）基金会大楼，他设计的最著名建筑大概是中国的央视大楼。库哈斯每个建筑给人的印象都不一样，很难找到库哈斯在这些作品之间互相关联的痕迹。中国人对库哈斯设计的央视大楼是有争议的，甚至有人戏称央视大楼的造型为"大裤衩"。

巴黎拉维莱特公园中的构筑物　高祥生摄于 2018 年 6 月

伯纳德·屈米在解构主义设计师中扮演了很重要的角色，他对解构主义的形成起过推动作用。对于屈米的作品我看得很少，只是在巴黎拉维莱特公园中看到屈米设计的一个大红色的构筑物，体量不大，但很显眼，不像建筑，很像装置，整体看就像在公园中放置了一个红色的大行李箱。

巴黎拉维莱特爱乐厅外立面　高祥生摄于 2018 年 6 月

让·努维尔的设计我也看的不多，但我对他设计的巴黎拉维莱特爱乐厅印象很深。这幢巨大建筑的外立面布满了大小不一的椭圆形肌理，像贴了两张巨大的"蛇皮"。这幢建筑从空间形态到立面造型都充分体现了让·努维尔的反对注重秩序感的艺术观点。

慕尼黑宝马车辆体验中心　高祥生摄于 2017 年 8 月

慕尼黑宝马车辆体验中心室内　高祥生摄于 2017 年 8 月

　　蓝天组是一个设计团队的名称。它是由沃尔夫·德·普瑞克斯和海默特·斯维茨斯基等共同创立。蓝天组的主要作品有：屋顶律师事务所、煤气罐改造工程、2002 年世界博览会之贝尔塔——力量与自由、慕尼黑宝马车辆体验中心。"非建筑化"是蓝天组作品的一个最主要的特点。他们认为，将建筑置于"非建筑化"的背景中是建筑获得变异的一个最重要的条件，新的建筑的产生不应依附于原有建筑形态，而是应该脱离。我参观过蓝天组设计的慕尼黑宝马车辆体验中心，建筑的体量很大，

设计方法与盖里设计的建筑造型有相似之处。闪闪发光的金属材料随处可见，弧形的平面、弧形的立面、弧形的空间充斥整个建筑。由各种不同体块的无序穿插构成了千姿百态的空间形态，而空间中，人工灯光、自然灯光更是光怪陆离，各种人工光、自然光在复杂的空间中交织后产生了各种奇特的光效应。我在一篇关于室内装置的论文中曾从视觉美感角度褒奖了慕尼黑宝马车辆体验中心，并认为它就是一座具有建筑功能的大型装置。

南京保利大剧院　高祥生摄于 2019 年 9 月

　　毕业于伦敦的建筑联盟学院的伊拉克裔英国著名女设计师扎哈·哈迪德从对传统观念的批判开始，进而对建筑的本质进行重新定义，从而发展她认同的适合新时代的建筑。扎哈·哈迪德在建筑外立面设计中喜欢用束状的流线和扁平的曲面。有些中国人对扎哈·哈迪德很熟悉，因为她设计了南京著名建筑保利大剧院。高耸的外立面，像两组高高悬挂的巨大的宝石链，很有视觉冲击力。它的空间形态曲折多变，室内空间更是千变万化，光影效果丰富多彩。很显然，保利大剧院的落成使美丽的古都南京又增添了光彩。

上海凌空 SOHO 外立面（一）　高祥生摄于 2019 年 9 月

上海凌空 SOHO 外立面（二）　高祥生摄于 2019 年 9 月

　　上海凌空 SOHO 商场是扎哈·哈迪德的遗作。商场广场中流动的水面、灿烂的阳光、湛蓝的玻璃与建筑形体中流动的曲线遥相呼应，展现了扎哈·哈迪德一贯以曲线和曲面取胜的特点。

　　北京大兴机场的落成更是提升了扎哈·哈迪德在当今世界的知名度。扎哈·哈迪德固然被列为解构主义设计师的范畴，但我认为，大兴机场和保利大剧院似乎都有很浓的现实主义作风、唯美主义形式。现在，大兴机场已被誉为北京新地标、世界的第七大世界奇迹。地标也好，七大奇迹也罢，这种巨无霸在一个城市不能到处都有。这种巨无霸的存在是依赖于一个国家的经济实力和先进技术的。虽然建造保利大剧院和大兴机场这样的建筑，面临着诸多的技术问题，但随着中国在现代建筑技术水平的提高，这些问题已能逐步解决。

　　丹尼尔·里伯斯金的作品"推动谅解与和平"的博物馆设计备受人们的青睐。我很推崇丹尼尔·里伯斯金设计的柏林犹太博物馆，从伤痕累累的外立面和集中营般黑暗、阴冷的室内空间可以看出，建筑设计和室内设计使解构的建筑设计语言用得恰到好处。这个作品深深地打动了我，打动了在场参观的人们，使大家为之震撼。里伯斯金设计的柏林的犹太博物馆是我见到的解构主义建筑中形式与内容结合的最紧密的一件作品，我参观犹太博物馆的空间、装饰与观看米开朗基罗创作的被缚的奴隶的感觉相仿。建筑的外立面上开设了一扇扇短促而无规律的窗户，仿佛人的脸上、身上留下一道道痛苦的、难以痊愈的伤痕。室内空间产生各种曲折、断裂、尖锐的形态，仿佛就是羁押囚徒的牢笼，尖锐闪亮的光束就仿佛划开了黑夜天空，突显而刺眼。柏林犹太博物馆的设计是成功的，建筑设计与室内设计的形式表现的内容是统一的。

柏林犹太博物馆室内（一） 高祥生摄于 2017 年 8 月

柏林犹太博物馆室内（二） 高祥生摄于 2017 年 8 月

3. 我对解构主义建筑的理解

如何看待解构主义建筑及其理论，与个人的世界观、审美观有关。我研读过中国传统的哲学美学理论，我接受过现实主义美学的教育，我崇拜恩格斯的美学理论，学习过俄国美学理论家车尔尼雪夫斯基在《怎么办》中提出的"生活即美"的理论，而后逐步形成了自己的认识观：我接受对立统一的理论，认为天地对立统一；认为有天就有地，有白天就有黑夜，有男就有女，有长就有短……世间万物都是由造物主按一定的规律、秩序创造的。

我坚信，由于地球引力产生的上轻下重的规律现在还不会改变，我认为，只要人的生理机能没有变化，人对空间环境的认知就不会产生变化。

我深信，由于人从呱呱落地的时候开始，看到母亲和亲人的身体都是对称的，因此人从一开始就会认为对称的形体是美的。

孩子学走路，总追求均衡的节奏感和适当的变化和韵律，因此节奏与韵律的美感也是从孩提时期的生理感受就开始了。

似乎所有传统形式的规律都对应人的生理需求，对应客观的环境。

对于解构主义建筑的存在是否合理这一问题，我思索认为：因为长久以来审美的标准都讲次序，讲和谐，讲整体统一，时间长了，人们就会产生审美疲劳，因此，当出现一种新的解构的形态时，通常给人带来耳目一新的视觉效果。另外有些解构主义大师如扎哈·哈迪德、弗兰克·盖里的作品中仍有许多符合形式美规律的形态，这些建筑体量庞大，又具有一定形式感，必然会产生强烈的视觉冲击力，富有很高的审美价值。这些作品自然而然地成了一个城市的标志性建筑或构筑物。

当有些建筑需要表示一种特殊的情感，用解构主义的方法是很恰如其分的，如柏林犹太博物馆和侵华日军南京大屠杀遇难同胞纪念馆。这些作品就不能说是城市中的"奢侈品"，而是城市的"必需品"。设计、建造这种珍贵的"必需品"用其他任何设计理念和方法都是无法完成的。

其实解构主义建筑从本质上讲，更多地属于城市装置，因为它的体量硕大，且又具备建筑的功能因素、审美因素、技术因素，特别容易与建筑物混淆，但解构主义的建筑设计理论与长期形成的约定俗成的建筑设计理论是相悖的。解构主义的理论反对总是既定的、传统的理论和设计规律。至于解构主义的大师们一直宣称"要脱离"建筑传统，要创造一个"新的世界"，殊不知其实传统的理论和方法也是很多人多年的实践总结。

解构主义的建筑理论，受既定的社会文化、物质条件、技术水平、经济条件等因素的制约，其建筑似乎是一个不受任何现实条件制约，只求"造型逻辑"关系的"物体"，而这种"物体"不能称为"建筑"，准确地讲只能是一种具有建筑功能的"大型装置"或是一种大型构筑物。这种"装置"可以成为城市建设中供人欣赏的"奢侈品"，或者说产生纪念意义的"标志性"建筑，用让·努维尔的话讲，这种"建筑"本身就不能算一种约定俗成意义上的"建筑"。所以我认为目前解构主义建筑在城市中无法广泛的存在。因为社会并没有大量需求，同时它不节能，不节地，不省钱，而且大多数还不实用。它缺乏约定俗成的建筑意义，但是具有一种审美价值或纪念意义。

传统的建筑师和大众对大多数解构主义建筑持否定的态度，而那些解构主义的设计师在赞扬解构主义建筑的同时否定传统的建筑、传统的建筑理论。似乎只有将传统的建筑否定后，解构主义建筑才能普及。我认为这是不可能的，建筑是一种具有功利性的物质产品，它受生活、文化、习俗、经济、技术、法律等因素的制约。

解构主义的作品，有的可以具有强大的视觉冲击力，有的可以表达强烈的情感色彩，有的具有鲜活的时代气息，可以起到地标的作用。但大多解构主义建筑费地、费资源。解构主义建筑"奢侈"的原因有以下几点：第一，因为这些建筑是异形的，所以建筑必须放大，只有空间很大的前提下才能有视觉冲击力和审美价值，如果太小就会失去了冲击力。而且精致的东西一旦无序会很难看。此外，因为是异形，建筑空间小了会造成许多难以利用的空间，因此只有放大以后这些弯曲的空间才能被利用。第二，解构主义建筑中会有许多错位的空间，从而导致镂空。而镂空的空间能耗非常大。第三，解构主义建筑的异形结构有不小的技术难度，这就增加了经济投资。

解构主义建筑建成后通常得房率低，能耗大，边角难以使用，因而经济上有很大的负担。建筑是要用的，不是仅为了看的，更何况有些解构主义建筑不适合大众的审美情趣。

我认为，一个城市可以存在一些这样的建筑，以作为城市的地标性建筑，但是当我们的经济还没有极其富裕，空间资源还不能向太空、海洋、地下索取的情况下，解构主义的建筑只能少量存在。

我认为，大多数解构主义建筑就是城市建设中的"奢侈品"。奢侈品在富裕的家庭或者国家是需要的，但它们通常只起点缀功能，再富裕的家庭和国家，不能到处都是奢侈品。所以我并不主张当今的中国社会到处建造解构主义建筑。对于解构主义，全盘否定是没有必要的，但不能泛滥。解构主义不是纯粹的建筑，而是可以容纳人们生活、工作的装置。我们不能用建筑的概念和规则来评价解构主义，反之那些提倡建造解构主义建筑的人也不必指责传统的建筑理念，两者不能同一而论。传统建筑有上百年、上千年形成的理论体系。解构主义具有装置特性，强调原创，而且每个可以成为原创作品；而传统建筑形态可以互相模仿，它更多的具有产品的功能。

当建筑经扭曲、分裂、夸张、突变、动感、失稳等处理后，其形态一定会具有强烈的视觉冲击力。加上解构主义建筑大都具有巨大的体量，而大体量的形态也是产生强烈视觉冲击的重要因素。

在城市中大批量的民用建筑应按城市规划的原则，按建筑设计的标准规范建造。在条件允许的情况下，建造少量具有标志作用和特殊功能的解构性质建筑也是需要的。总之，我国的建筑要让我国的城市更健康的发展，也让世界更美好，而不能到处猎奇争艳。

侵华日军南京大屠杀遇难同胞纪念馆外构筑物　高祥生摄于 2019 年 11 月

侵华日军南京大屠杀遇难同胞纪念馆室内　高祥生摄于 2019 年 11 月

4. 结语

建筑的功能到底是什么？我们可以用中国古代老子《道德经》中的一句话来理解。老子说："埏埴以为器，当其无，有器之用。凿户牖以为室，当其无，有室之用。"其意为：揉和陶土做成的器皿，有了其内的中空处才是盛水藏物的实用部分。无此中空，器皿则无用。开凿门窗建造房屋，有了门窗四壁内的空虚部分，才有房屋的作用。

我们也可以用西方古罗马时期建筑理论家维特鲁威在《建筑十书》中的表述来说明，他提出了"实用、坚固、美观"的建筑原则，一直沿用至今。

我们还可以学习一下新中国成立初期，我国的建筑设计方针是"适用、经济、在可能的条件下注意美观"，20世纪80年代又提出"适用、安全、经济、美观"，21世纪又提出"适用、经济、绿色、美观"的建筑方针。无论何时，我国的建筑方针总是将"适用"放在首位。

从古到今，人民的精神需求和达官贵人的精神需求是有区别的，人民的审美取向和达官贵人的审美取向是有区别的。社会主义的审美观一定是建立在满足人民生活基础上产生的质朴的、大众的观念。那种违背人民需求，违背建筑建造的科学性，违背唯物辩证观的审美倾向，违背社会根本利益的，只讲形式不讲内容的建筑不会得到广大人民群众的拥护。

我赞同形式是重要的、内容是关键的，形式应为内容服务的说法。我赞同建筑是功能与技术的综合体，而技术又必须服务于功能的观念。那种无视人民情感，挥霍人民钱财，违反力学原则造出的不伦不类的"怪胎"必然遭到人民大众的唾弃。

第三篇 设计大师篇

一、贝聿铭先生的建筑设计

美国国家美术馆（东馆）广场与景观　高祥生摄于 2016 年 8 月

美国国家美术馆（东馆）　高祥生摄于 2016 年 8 月

美国国家美术馆（东馆）立面体块组合　高祥生摄于 2017 年 6 月

美国国家美术馆（东馆）中的三角形玻璃网架　高祥生摄于 2016 年 8 月

美国国家美术馆（东馆）地下廊道餐厅中的光影变化　高祥生摄于 2016 年 8 月

波士顿约翰·肯尼迪图书馆立面体块组合（一）　高祥生摄于 2016 年 8 月

波士顿约翰·肯尼迪图书馆立面体块组合（二）　高祥生摄于 2016 年 8 月

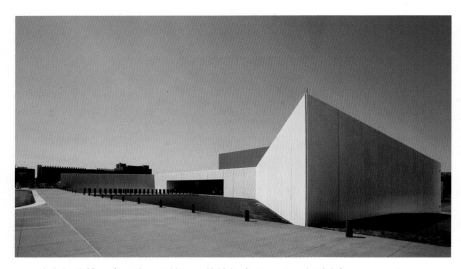

波士顿约翰·肯尼迪图书馆立面体块组合（三）　高祥生摄于 2016 年 8 月

波士顿约翰·肯尼迪图书馆立面体块组合（四）　高祥生摄于 2016 年 8 月

从波士顿约翰·肯尼迪图书馆书库透过玻璃网架可以看到海边　高祥生摄于 2016 年 8 月

波士顿约翰·肯尼迪图书馆的金属网架与光影（一）　高祥生摄于 2016 年 8 月

波士顿约翰·肯尼迪图书馆的金属网架与光影（二）　高祥生摄于 2015 年 9 月

波士顿约翰·肯尼迪图书馆（一）　高祥生摄于 2015 年 9 月

波士顿约翰·肯尼迪图书馆（二）　高祥生摄于 2015 年 9 月

波士顿约翰·肯尼迪图书馆室内　高祥生摄于 2015 年 9 月

德国历史博物馆新馆中光影效果（一）　高祥生摄于 2017 年 8 月

德国历史博物馆新馆中光影效果（二）　高祥生摄于 2017 年 8 月

德国历史博物馆新馆中光影效果（三）　高祥生摄于 2017 年 8 月

德国历史博物馆新馆中光影效果（四）　高祥生摄于 2017 年 8 月

德国历史博物馆新馆中光影效果（五）　高祥生摄于 2017 年 8 月

苏州博物馆新馆（一）　高祥生摄于 2020 年 10 月

苏州博物馆新馆的光影效果　高祥生摄于 2020 年 10 月

苏州博物馆新馆（二）　高祥生摄于 2020 年 10 月

苏州博物馆新馆（三）　高祥生摄于 2020 年 10 月

苏州博物馆新馆建筑与水体　高祥生摄于 2020 年 10 月

苏州博物馆新馆建筑墙面与水体　高祥生摄于 2020 年 10 月

巴黎卢浮宫广场金字塔和水池（一）　高祥生摄于 2018 年 6 月

巴黎卢浮宫广场金字塔和水池（二）　高祥生摄于 2018 年 6 月

美秀美术馆（一）　高祥生摄于 2016 年 6 月

美秀美术馆中的三角形、梯形造型　高祥生摄于 2016 年 6 月

美秀美术馆（二） 高祥生摄于 2016 年 6 月

美秀美术馆（三） 高祥生摄于 2016 年 6 月

二、著名现代建筑大师阿尔瓦·阿尔托的建筑设计

赫尔辛基阿尔瓦·阿尔托工作室展橱（一） 高祥生摄于 2017 年 6 月

赫尔辛基阿尔瓦·阿尔托工作室展橱（二） 高祥生摄于 2017 年 6 月

赫尔辛基阿尔瓦·阿尔托工作室 高祥生摄于 2017 年 6 月

赫尔辛基阿尔瓦·阿尔托工作室过厅　高祥生摄于 2017 年 6 月

赫尔辛基阿尔瓦·阿尔托工作室楼梯踏步　高祥生摄于 2017 年 6 月

阿尔瓦·阿尔托设计的桌椅板凳　高祥生摄于 2017 年 6 月

阿尔瓦·阿尔托家具店中的灯饰　高祥生摄于 2017 年 6 月

芬兰阿尔托大学图书馆楼梯井庭中的灯饰　高祥生摄于 2017 年 6 月

赫尔辛基阿尔瓦·阿尔托书店的中庭　高祥生摄于 2017 年 6 月

赫尔辛基阿尔瓦·阿尔托家具店（一）　高祥生摄于 2017 年 6 月

赫尔辛基阿尔瓦·阿尔托家具店（二）　高祥生摄于 2017 年 6 月

赫尔辛基阿尔瓦·阿尔托书店中的装置（一）　高祥生摄于 2017 年 6 月

赫尔辛基阿尔瓦·阿尔托书店中的装置（二）　高祥生摄于 2017 年 6 月

帕伊米奥疗养院室外　高祥生摄于 2017 年 6 月

芬兰马库镇玛利亚别墅室外　高祥生摄于 2017 年 6 月

赫尔辛基阿尔瓦·阿尔托工作室室外　高祥生摄于 2017 年 6 月

巴黎卡雷别墅内庭　高祥生摄于 2020 年 7 月

巴黎卡雷别墅室外泳池　高祥生摄于 2017 年 6 月

三、建筑师的亲水情结——杰弗里·巴瓦的设计特点

1. 面朝大海，临水而筑的灯塔酒店

从窗口远眺大海　高祥生摄于 2016 年 4 月

酒店中部背朝大海的过厅　高祥生摄于 2016 年 4 月

2.呈品字组团，朝向大海的阿洪加拉遗产酒店

从酒店中部一侧至另一侧纵深感极强　高祥生摄于 2016 年 4 月

3. 碧水清波上的希马玛拉卡寺

从栈道至希马玛拉卡寺　高祥生摄于 2016 年 4 月

4.本托塔海滩酒店在建筑内外设置的水景

海滩上的泳池　高祥生摄于 2016 年 4 月

酒店中庭的水池　高祥生摄于 2016 年 4 月

5.水淹大堂的碧水酒店

进入碧水酒店的廊道和两侧水池　高祥生摄于 2016 年 4 月

碧水酒店的大堂　高祥生摄于 2016 年 4 月

四、卡罗·斯卡帕的建筑设计

1. 卡罗·斯卡帕设计的布里昂家族墓园

威尼斯布里昂家族墓园入口处　高祥生摄于 2018 年 4 月

　　卡罗·斯卡帕，意大利威尼斯人，著名建筑师，早年曾就读于威尼斯美术学院，毕业后进入威尼斯建筑大学从事教学及建筑设计活动。在几十年的建筑生涯中，斯卡帕参与了许多历史建筑的修复和改造以及一些较小规模的设计项目。可以说其作品遍布意大利各个城市以及其他国家，人们较为熟悉的他的代表作有布里昂家族墓园、维罗纳古堡美术馆、奎里尼·斯坦帕里亚（Querini Stampalia）博物馆、波萨尼奥（Possagno）雕塑美术馆、奥莉维蒂（Olivetti）陈列室等。

威尼斯布里昂家族墓园入口的室内　高祥生摄于 2018 年 4 月

分隔夫妻主墓与家族公共墓地的界面　高祥生摄于 2018 年 4 月

夫妻主墓上方拱形篷　高祥生摄于 2018 年 4 月

威尼斯布里昂家族墓园竖立窗户（室内）　高祥生摄于 2018 年 4 月

威尼斯布里昂家族墓园外面的水池　高祥生摄于 2018 年 4 月

威尼斯布里昂家族墓园外面水池中的方亭　高祥生摄于 2018 年 4 月

连接主墓与方亭的水渠　高祥生摄于 2018 年 4 月

威尼斯布里昂家族墓园中家族小教堂顶部　高祥生摄于 2018 年 4 月

维罗纳人民银行（一）　高祥生摄于 2018 年 4 月

维罗纳人民银行（二）　高祥生摄于 2018 年 4 月

2. 维罗纳人民银行

　　维罗纳人民银行由卡罗·斯卡帕和阿里戈·鲁迪合作设计。鲁迪在斯卡帕逝世后继续完成了大师的遗作。该建筑坐落在维罗纳的中心历史街区，俯瞰路嘉纳广场。

　　维罗纳人民银行在斯卡帕去世后由鲁迪继续监督完工。银行采用了高度铰接的外墙，在经典样式的基础上增加了挑衅性的设计，当时曾在国际上引起争议。

3. 威尼斯建筑大学

威尼斯建筑大学学院大门　高祥生摄于 2018 年 4 月

威尼斯建筑大学由修道院改建而成，大学入口的设计始于 1966 年，卡罗·斯卡帕先后做过三版方案，最终由他的学生洛斯根据斯卡帕的第二版方案主持建造完成。

斯卡帕为入口增加了雨棚及学院标志，在附近发掘的 16 世纪大理石拱门遗迹，被斯卡帕平放在内院的草坪上，与水池结合在一起。

威尼斯建筑大学庭院中的水池　高祥生摄于 2018 年 4 月

4. 威尼斯奎里尼·斯坦帕里亚基金会

威尼斯奎里尼·斯坦帕里亚基金会室内空间
高祥生摄于 2018 年 4 月

奎里尼·斯坦帕里亚基金会是由威尼斯奎里尼·斯坦帕里亚家族的最后一位继承人乔瓦尼伯爵创立。该基金会是全城唯一涵盖全部威尼斯历史并记录奎里尼家族名流生活的机构。基金会大力支持并发展文化交流活动，推广古老艺术与现代艺术结合的文化及艺术展出，是世界久负盛名的现代艺术展馆及主办单位之一。

1963 年，卡罗·斯卡帕对这座 16 世纪宫殿的一楼进行改造，令其成为意大利 20 世纪最具设计感的典范。到了 20 世纪 90 年代，建筑师马利欧菠塔主持了大面积的修复。时至今日，在同一地点，人们可以欣赏到不同的文化和艺术。而络绎不绝的参观者，也为斯奎里尼·斯坦帕里亚基金会赢得了文化交流和杰出展出会馆的美誉。

威尼斯奎里尼·斯坦帕里亚基金会会馆楼梯　高祥生摄于 2018 年 4 月

维罗纳古堡美术馆入口处　高祥生摄于 2018 年 4 月

5. 维罗纳古堡美术馆

卡罗·斯卡帕这位理性主义的建筑大师的工作并不止于文物修复。他的高明之处，是把古建修复、美术馆的构建与展品陈列作为一个整体进行再创作。他的思路是将展品与古堡内的空间一并构思；同时把展品陈列的支架、台座、背板以及固定方式一起设计，连材质、颜色和制作工艺全都视为一个整体。

同时，他融入了现代的理念与十分强烈的审美个性。

维罗纳古堡美术馆端头平台　高祥生摄于 2018 年 4 月

6. 威尼斯奥利维蒂陈列室

卡罗·斯卡帕的建筑以充满细节而著称，而他的建筑细节往往充满了复杂意义。奥利维蒂陈列室是斯卡帕1957年受阿德里亚诺·奥利维蒂委托设计的现代打字机和计算器收藏馆，斯卡帕通过对建筑构件进行分离与重组，使得展厅原本狭小的空间似乎因丰富性而放大了。

威尼斯奥利维蒂陈列室室内空间　高祥生摄于2018年4月

陈列室坐落在圣马可广场西北侧角落。陈列室中央，新增的直跑虚浮楼梯是空间的视觉中心，楼梯踏步采用浅灰白色的奥瑞希纳大理石，挣脱了通常的框架限定，而与栏板、侧边的展台形成一体。

威尼斯奥利维蒂陈列室室内楼梯　高祥生摄于2018年4月

后记 / POSTSCRIPT

这本书的题目我来回修改了多次，原先是叫《高祥生摄影图集》，后来经过再三推敲，因为里面有很多自己游历的体会，故改成了《高祥生中外建筑·环境设计赏析 —— 灿烂世界·璀璨明珠》。

说到游记，人们一般都会想起《徐霞客游记》。我这些年不曾停下脚步，前前后后寻访游历了近30个国家，从覆盖面积来说，比徐霞客到过的地方大，但是与徐霞客在地理学和文学上做出的卓越贡献相比，我的水平差距甚远，学术影响也小得多。徐霞客云游千里，抵达金沙江元谋段，找到了长江真正的源头，并著成《溯江纪源》，明确提出金沙江是长江的正源，纠正了长江源头为岷江的错误认识，确定了长江源头是"金沙江导江"。

我曾经系统地学过外国美术史，有些说法在脑海中留下了深刻印象，后来看了很多著名的建筑，我发现有些评价是错误的。我很敬佩老一辈建筑师，在没有去过实地的情况下，凭借一些资料完成了对历史建筑的描述，但我不能完全认可这些描述，所以我打算用自己的眼光看世界、看建筑。我今天写下这本《高祥生中外建筑·环境设计赏析 —— 灿烂世界·璀璨明珠》，就是把我所看到的建筑，与我的理解和观点作一个概括与总结，希望对大家有所启迪。

这个世界很大，徐霞客无法云游天下；这个世界又很小，有了现代交通工具和信息网络，近30个国家显得也不那么多了。但按几百年前的标准来看，我已经走了很远了。我曾漫步在曼哈顿广场，曾迷恋过圣彼得堡的建筑，也曾寻访过古希腊和斯里兰卡的建筑，我曾瞻仰过吴哥窟的古籍和西班牙的斗牛场，我曾沉醉于圣托里尼岛的日落，我亦难忘波罗的海的日出……

我很庆幸我生活在这个时代，又很羡慕和嫉妒未来人们将能走过、看过更多的地方。我努力想要走得更远、拍得更多，留下更多的影像，但是我的精力有限。书中我所记录的建筑风光可以作为研究 21 世纪 20 年代以后 10 年建筑样式的基本资料，虽不能尽善尽美，但书中皆是我的所思所想、所见所闻，希望大家能从中有所收获，这也是我写下《高祥生中外建筑·环境设计赏析 ——灿烂世界·璀璨明珠》的初衷。

　　这个世界是灿烂的，灿烂的世界里有许多熠熠生辉的明珠。我深信，未来的建筑风光将会更加精彩、更加辉煌。

　　所有国外照片都由我拍摄，同时，我设计了封面和版式，吴怡康制作了封面，朱霞、杨秀锋制作了版式。

　　在本书即将付梓之际，我要感谢东南大学建筑学院为本书的出版提供的资金支持；感谢东南大学出版社为本书的出版所做的各种努力；感谢中国建筑学会原理事长、原建设部副部长宋春华为本书作序；感谢设计师李宽喜、王玮、袁明、徐凤霞、高路、郑雪莹、殷珊、何青、高贞、陈新芳、阮禹萍、张超等在我拍摄过程中提供的各种帮助！

　　感谢所有为本书出版工作提供过帮助的领导、同事和朋友！

高祥生

2023 年 5 月

内容简介

　　《高祥生中外建筑·环境设计赏析——灿烂世界·璀璨明珠》分上、下两册。作者自 2015 年至 2020 年期间先后游历了欧美等近 30 个国家和地区，考察了这些国家和地区的重要建筑、名胜古迹、景观环境等，对这些建筑的年代、历史背景、建筑风格、风土人情、环境特征等进行了调研与分析，在调研中拍摄了大量图片。作者从拍摄的数万张照片中选择了 1600 余张照片，配以所摄建筑的前世今生，以游记、散文的形式向人们展现自己眼中的大千世界。

　　本书图文并茂，融学术性、观赏性于一体，既可供建筑学专业、环境艺术等专业教学与学习参考，也可作为摄影爱好者的学习参考资料。

图书在版编目（CIP）数据

灿烂世界·璀璨明珠．下 / 高祥生著．-- 南京：
东南大学出版社，2024.4
（高祥生中外建筑·环境设计赏析 ；4）
ISBN 978-7-5766-1363-6

Ⅰ．①灿… Ⅱ．①高… Ⅲ．①建筑艺术－世界－图集
Ⅳ．① TU-861

中国国家版本馆 CIP 数据核字（2024）第 058836 号

策划编辑：张丽萍　　责任编辑：陈佳　　责任校对：子雪莲　　封面设计：吴怡康　　责任印制：周荣虎

灿烂世界·璀璨明珠（下）
CANLAN SHIJIE · CUICAN MINGZHU（XIA）

著　　者	高祥生	
出版发行	东南大学出版社	
出版人	白云飞	
社　　址	南京市四牌楼 2 号（邮编：210096 电话：025－83793330）	
经　　销	全国各地新华书店	
印　　刷	南京新世纪联盟印务有限公司	
开　　本	889mm×1194mm 1/12	
印　　张	136	
字　　数	1077 千	
版　　次	2024 年 4 月第 1 版	
印　　次	2024 年 4 月第 1 次印刷	
书　　号	ISBN 978-7-5766-1363-6	
定　　价	1488.00 元（共 4 册）	

本社图书若有印装质量问题，请直接与营销部联系，电话：025-83791830.